To

From

有史以来全球最畅销职场励志类图书

全新修订版

Willingness

自动自发

什么是自动自发？自动自发就是没有人要求你、强迫你，自觉而且出色做好自己的事情。

（美）阿尔伯特·哈伯德 著
Elbert Hubbard

陈书凯 编译

天津科学技术出版社

图书在版编目（CIP）数据

自动自发 / (美)阿尔伯特·哈伯德（Elbert Hubbard）著；
陈书凯编译. —天津:天津科学技术出版社，2009.4
ISBN 978-7-5308-5115-9

Ⅰ.自… Ⅱ.①哈… ②陈… Ⅲ.职业道德—通俗读物
Ⅳ.B822.9-49

中国版本图书馆 CIP 数据核字(2009)第 050727 号

责任编辑:范朝辉　李荔薇
责任印制:王　莹

天津科学技术出版社出版
出版人:胡振泰
天津市西康路 35 号　邮编 300051
电话:(022)23332390(编辑室)　23332393(发行部)
网址:www.tjkjcbs.com.cn
新华书店经销
北京宏伟双华印刷有限公司印刷

开本 880×1230　1/32　印张 5.875　字数 120 000
2009 年 6 月第 1 版第 1 次印刷
定价:16.80 元

Willingness

再版语

阿尔伯特·哈伯德(Elbert Hubbard)早已成为职场励志作品的代名词,而《自动自发》则是对主动、敬业、忠诚、勤奋和自信等更深入、更系统的阐释。它汇集了阿尔伯特·哈伯德商业思想的精华。

《自动自发》曾经被众多政府机关和商业机构指定为员工培训教材,全国超过500家企业单位团购此书,它影响了一代中国职业人。

无论在哪里——工厂、商店、机关、公司,我们都会听到这样的话:去,自动自发地做好你自己的事情吧!

其实,这本书的畅销并非偶然,这说明我们的社会永远需要《自动自发》所倡导的工作品质:**没有人要求你、强迫你,自觉而出色地做好自己的事情**。

现在,这种商业精神将激励我们创造更多的价值,而创造价值回报就会自动涌来。

Willingness

商业信条

我相信自己。

我相信自己所销售的商品。

我相信自己国家的商业模式。

我相信我所工作的公司。

我相信我的同事及伙伴。

我相信那些世界上所有正在努力工作的人们。

我相信真理能够创造无限的价值。

我相信愉悦的心情,也相信健康的身体。

我相信成功的关键并不是获得多少财富,而是努力去创造价值。创造价值,回报就会自动涌来。

我相信阳光、土地、苹果、奶酪、儿童和丝绸。请您明白,世界上最伟大的词语是“自信”。

我相信自己每销售出一件产品, 就交上了一个新的朋友。

我相信当自己与一个人分别时, 一定会做到当我们再次重逢时,彼此都非常愉快。

我相信勤奋的双手、思维的大脑和爱的心灵。

Willingness

序 言

你属于哪种人？

我们经常能够听到以下熟悉的话语：

“现在是午餐时间，你3点以后再打来吧。”

“那不是我的工作。”

“我太忙了。”

“那是汉曼的工作。”

“我不知道该如何帮你。”

“你去图书馆试过吗？”

“这件事我们现在办不了。”

“你还可以多补充一些，对吗？”

……

有一次，我到一家百货商店去购物。我走到一个自己要找的柜台，可是店员却把我带到了别的地方。你知道吗？在我找到自己所需商品之前，我被带到了商店的四个柜台。如果有人能在某处贴出一张杜鲁门总统的座右铭：“责任到此，不能再推！”该多么振奋人心啊！

序 言

当然，在这些司空见惯的话语和令人困惑的事情之外，我们也看到了另外一些与之相反的事例。

斯拉在一家大公司办公室从事打字工作。一天，同事们出去吃饭了，这时，一个董事经过他们部门时停了下来，想找一个信件。这并不是斯拉分内的工作，但是她依然回答道：“对此信我一无所知，但是，董事先生，让我来帮助您处理这件事情吧！我会尽快找到这封信并将它放在你的办公室里。”当她将他所需要的东西放在他面前时，董事显得格外高兴。

故事到这里并没有结束。四个星期后她被提升到了一个更重要的部门工作，并且薪水提高了30%。猜猜是谁推荐她的？就是那位董事。在一次公司管理会上，有一个更高职位的工作空缺，他推荐了她。

世界上很少有报酬丰厚却不需要承担任何责任的便宜事。想要一时不负责任当然有可能，但要免除世间所有责任可得付出巨大的代价。当责任从前门进来，你却自后门溜走，你失去的可是伴随责任而来的机会哦！对大部分的职位而言，报酬和所承担的责任有直接的

关系。

主动要求承担更多的责任或自动承担责任是成功者必备的素质。大多数情况下，即使你没有被正式告知要对某事负责，你也应该努力做好它。如果你能表现出胜任某种工作，那么责任和报酬就会接踵而至。

英文中代价最高的三个字就是：我没空！(I haven't time)这几个字可能会使你付出数倍的代价。没有空，你就可以放弃你和家人相处的快乐？就可以忽略那些日益恶化的缺陷？就可以忽略身体对休息和运动的需要？无论在什么情况下，都别让“没有空”的想法使你没法完成有助于你获得幸福的事。

世界上，有两种人永远无法超越别人：一种人是只做别人交代的工作；另一种人是做不好别人交代的事。哪一种情况更令人丧气，实在很难说。总之，他们会成为第一个被裁掉的人，或是在同一个单调卑微的工作岗位上耗费终生精力的人。

用上面所说的任何一种方式做事，你或许可以躲过一时，却永无成功之日。在前工业时代，虽然听命行事的能力相当重要，个人的主动进取却更受重视。决定了哪些该做，就应该立刻采取行动，不必等到别人交代。清楚了解公司的发展规划和你的工作职责，就能预知该做些什么，然后——着手去做!

世界赋予了它巨大的褒奖，不仅是钱还有荣誉，那就是自动自发。什么是自动自发呢?自动自发就是没有人要求你、强迫你，自觉而出色地做好自己的事情。

当你被告知过一次后，再做同类事情就不需要再被告知了，也就是说，自动自发，把信带给加西亚。那些送信的人得到了很高的荣誉，但他们的收入却并不与此成比例。

另外一些人，他们直到被告知过两次后才去做事情，这类人得不到荣誉也得不到金钱。仅次于主动去做应该做的事情的，是当有人告诉你怎么做时立刻去做。

还有一类人，只有当他们被贫穷压迫得没有出路时，才会去做事。这类人只会遭到漠视，收入当然十分微薄。这些人一生中大部分时间都在盼望幸运之神会降临到自己身上。

Willingness

序 言

更次等的人，只在被人从后面踢时，才会去做他应该做的事，这种人大半辈子都在辛苦工作，却不停地抱怨运气不佳。

然而，还有比上述几类人更严重的。这类人即使别人走到他们面前向他们示范并且停下来督促他们做，他们也仍然不会用心地做事。他们总是失业，得到他们应得的藐视。在这种情况下，命运之神会耐心地在拥挤人群的一隅等待着他们的落迫。

那么，你属于上面哪一种人呢？

Willingness

目录

Willingness

目 录

目 录

第一章
对待工作：勤奋

工作时虚掷光阴会伤害雇主,但伤害自己更深。

如果你永远保持勤奋的工作态度，你就会得到他人的称许和赞扬，就会赢得老板的器重，同时也会获得更多升迁和受奖励的机会。

不为薪水而工作

工作固然是为了生计，但是比生计更可贵的，就是在工作中充分挖掘自己的潜能，发挥自己的才干，做正直而纯正的事情。

一些年轻人，当他们走出校园时，总对自己抱有很高的期望值，认为自己一开始工作就应该得到重用，就应该得到相当丰厚的报酬。他们在工资上喜欢相互攀比，似乎工资成了他们衡量一切的标准。但事实上，刚刚踏入社会的年轻人缺乏工作经验，是无法被委以重任的，薪水自然也不可能很高，于是他们就有了许多怨言。

也许是亲眼目睹或者耳闻父辈和他人被老板无情解雇的事实,现在的年轻人往往将社会看得比上一代人更冷酷、更严峻,因而也就更加现实。在他们看来,我为公司干活,公司付我一份报酬,等价交换,仅此而已。他们看不到工资以外的东西,曾经在校园中编织的美丽梦想也逐渐破灭了。没有了信心,没有了热情,工作时总是采取一种应付的态度,能少做就少做,能躲避就躲避,敷衍了事,以此来报复他们的雇主。他们只想对得起自己挣的工资,从未想过是否对得起自己的前途,是否对得起家人和朋友的期待。

之所以出现这种状况,原因在于人们对于薪水缺乏更深入的认识和理解。大多数人因为自己目前所得的薪水太微薄,而将比薪水更重要的东西也放弃了,实在太可惜。

不要为薪水而工作,因为薪水只是工作的一种报偿方式,虽然是最直接的一种,但也是最短视的。一个人如果只为薪水而工作,没有更高尚的目标,并不是一种好的人生选择,受害最深的不是别人,而是他自己。

一个以薪水为个人奋斗目标的人是无法走出平庸的生活模式的，也从来不会有真正的成就感。虽然工资应该成为工作目的之一，但是从工作中能真正获得的更多的东西却不是装在信封中的钞票。

一些心理学家发现，金钱在达到某种程度之后就不再诱人了。即使你还没有达到那种境界，但如果你忠于自我的话，就会发现金钱只不过是众多报酬中的一种。试着请教那些事业成功的人士，他们在没有优厚的金钱回报下，是否还继续从事自己的工作？大部分人的回答都是："绝对是！我不会有丝毫改变，因为我热爱自己的工作。"想要攀上成功之阶，最明智的方法就是选择一份即使酬劳不多，也愿意做下去的工作。当你热爱自己所从事的工作时，金钱就会尾随而至。你也将成为人们竞相聘请的对象，并且获得更丰厚的酬劳。

不要为薪水而工作。工作固然是为了生计，但是比生计更可贵的，就是在工作中充分发掘自己的潜能，发挥自己的才干，做正直而纯正的事情。如果工作仅仅是为了面包，那么生命的价值也未免太低俗了。

人生的追求不仅仅只有满足生存需要，还有更高层次的需求，有更高层次的动力驱使。不要麻痹自己，告诉自己工作就是为赚钱——人应该有比薪水更高的目标。

工作的质量决定生活的质量。无论薪水高低，工作中尽心尽力、积极进取，能使自己得到内心的平静，这往往是事业成功者与失败者之间的不同之处。工作中过分轻松随意的人，无论从事什么领域的工作都不可能获得真正的成功。将工作仅仅当作赚钱谋生的工具，这种想法本身就会让人蔑视。

事业成功人士的经验向我们揭示了这样一个真理：只有经历艰难困苦，才能获得世界上最大的幸福，才能取得最大的成就；只有经历过奋斗，才能取得成功。

比薪水更重要的

工作所给你的，要比你为它付出的更多。如果你将工作视为一种积极的学习经历，那么，每一项工作中都包含着许多个人成长的机会。

为薪水而工作，看起来目的明确，但是往往被短期利益蒙蔽了心智，使我们看不清未来发展的道路，结果使得我们即便日后奋起直追，振作努力，也无法超越。

那些不满于薪水低而敷衍了事工作的人，固然对公司是一种损害，但是长此以往，无异于使自己的生命枯萎，将自己的希望断送，一生只能做一个庸庸碌碌、心胸狭隘的懦夫。他们埋没了自己的才能，也湮灭了自己的创造力。

因此，面对微薄的薪水，你应当懂得，雇主支付给你的工作报酬固然是金钱，但你在工作中给予自己的报酬，乃是珍贵的经验、良好的训练、才能的表现和品格的建立。这些东西与金钱相比，其价值要高出千万倍。

工作所给你的，要比你为它付出的更多。如果你将工作视为一种积极的学习经历，那么，每一项工作中都包含着许多个人成长的机会。

年轻人，我诚恳地告诫你们，当你们刚刚踏入社会时，不必过分考虑薪水的多少，而应该注意工作本身带给你们的报酬。譬如发展自己的技能，增加自己的社会经验，提升个人的人格魅力……与你在工作中获得的技能与经验相比，微薄的工资就显得不那么重要了。老板支付给你的是金钱，你自己赋予自己的是可以令你终身受益的黄金。

能力比金钱重要万倍，因为它不会遗失也不会被盗。如果你有机会去研究那些成功人士，就会发现他们并非始终高居事业的顶峰。在他们的一生中，曾多次攀上顶峰又坠落谷底，虽起伏跌宕，但是有一种东西永远伴随着他们，那就是能力。能力能帮助他们重返巅峰，俯瞰人生。

人们都羡慕那些杰出人士所具有的创造能力、决策能力以及敏锐的洞察力，但是他们也并非一开始就拥有这种天赋，而是在长期工作中积累和学习到的。在工作中他们学会了了解自我，发现自我，使自己的潜力得到充分的发挥。

不为薪水而工作，工作所给予你的要比你为它付出的更多。如果你一直努力工作，一直在进步，你就会有一个良好的、没有污点的人生记录，使你在公司甚至整个行业拥有一个好名声，良好的声誉将陪伴你一生。

有许多人上班时总喜欢"忙里偷闲"，他们要么上班迟到、早退，要么在办公室与人闲聊，要么借出差之名游山玩水……这些人也许并没有因此被开除或扣减工资，但他们会落得一个不好的名声，也就很难有晋升的机会。如果他们想转换门庭，也不会有其他人对他们感兴趣。

一个人如果总是为自己到底能拿多少工资而大伤脑筋的话,他又怎么能看到工资背后可能获得的成长机会呢?他又怎么能意识到从工作中获得的技能和经验,对自己的未来将会产生多么大的影响呢?这样的人无形中只会将自己困在装着工资的信封里,永远也不懂自己真正需要什么。

现在的努力一定会有回报

也许你的老板可以控制你的工资，可是他却无法遮住你的眼睛，捂上你的耳朵，阻止你去思考、去学习。

如果我们发现自己的老板并不是一个睿智的人，并没有注意到我们所付出的努力，也没有给予相应的回报，那么也不要懊丧，我们可以换一个角度来思考：现在的努力并不是为了现在的回报，而是为了未来。我们投身于商业是为了自己，是在为了自己而工作。人生不仅只有现在，而且有更长远的未来。固然，薪水要努力多挣些，但那只是个短期的小问题，最重要的是获得不断晋升的机会，为未来获得更多的收入奠定基础。更何况生存问题需要通过发展来解决，眼光只盯着温饱，得到的永远只有温饱。

手工业时代，男孩为了学一门手艺常常拜师学艺多年，却无法拿到一分钱的工资，但他们毫无怨言，现在的年轻人在学本事的同时还可以拿工资，却抱怨不已。

究其原因在于两者对于薪水的看法不同。在手工业时代的男孩和家长看来，能有一个好的学习技能和知识的机会是十分难得的，他们一切努力和付出都是为了未来能开办自己的作坊和店铺。而现代年轻人则更注重现实利益，赚钱是为了消费和享受。

时代变了，注重现实利益本身并没有错。问题在于现在的年轻人较为短视，忽略了个人能力的培养，他们在现实利益和未来价值之间没有找到一个均衡点。

暂时的放弃是为了未来更好的获得。尽管薪水微薄，但是，我们应该认识到，老板交付给的任务能锻炼我的意志，上司分配给我们的工作能发展我们的才能，与同事的合作能培养我们的人格，与客户的交流能训练我们的品性。企业是我们生活的另一所学校，工作能够丰富我们的思想，增进我们的智慧。

比如俾斯麦，别的方面我们姑且不谈，但在这一点上，他还是有值得学习的地方。俾斯麦在德国驻俄外交部工作时，薪水也很低，但是他却从来没有因为自己的工资低而放弃努力。在那里他学到了很多外交技巧，也锻炼了自身决策能力，这些对他后来的政治活动影响很大。

许多商界名人开始工作时收入都不高，但是他们从来没有将眼光局限于此，而是始终不渝地努力工作。在他们看来，缺少的不是金钱，而是能力、经验和机会。最后当他们功成名就之时，又如何衡量他们的收入是多少呢！

在你工作时，要时刻告诫自己：我要为自己的现在和将来而努力。无论你的工资收入是多还是少，都要清楚地认识到那只是你从工作中获得的一小部分。不要太多考虑你的工资，而应该用更多的时间去接受新的知识，培养自己的能力，展现自己的才华，因为这些东西才是真正的无价之宝。在你未来的资产中,它们的价值远远超过了现在所积累的货币资产。当你从一个新手、一个无知的员工成长为一个熟练的、高效的管理者时,你实际上已经大有收获了。你可以在其他公司甚至自己独立创业时,充分发挥这些才能,获得更高的报酬。

也许你的老板可以控制你的工资,可是他却无法遮住你的眼睛,捂上你的耳朵,阻止你去思考,去学习。换句话说,他无法阻止你为将来所做的努力,也无法剥夺你因此而得到的回报。

许多员工总是在为自己的懒惰和无知寻找理由。有的说老板对他们的能力和成果视而不见,有的会说老板太吝啬,付出再多也得不到相应的回报……没有任何人一开始工作就能发挥全部潜能,就可以出色地完成每一项任务,同样,也很少有人一开始就能拿到很高的工资。因此,当你在付出自己的努力时,一定要学会耐心等待,等待他人的信任和赏识,你才能得到重用,才能向更高的目标前进。

如果在工作中受到挫折,如果你认为自己的工资太低，如果你发现一个没有你能干的人成为你的上司，也不要气馁，因为谁都抢不走你拥有的无形资产——你的技能、你的经验、你的决心和信心，而这一切最终都会给你回报。

不要对自己说："既然老板给的少，我就干的少，没必要费心地去完成每一个任务。"也不要因为自己挣的钱少，就安慰自己说："算了，我技不如人，能拿到这些工资也知足了。"消极的思想会让你看不见自己的潜力，会让你失去前进的动力和信心，会让你放弃很多宝贵的机会，使你与成功失之交臂。

也许我们无法命令老板做什么，但是我们却可以让自己按照最佳的方式行事；也许老板不是很有风度，但是我们应该要求自己做事要有原则。你不应该因为老板的缺点而不努力工作，而埋没了自己的才华，毁了自己的未来。总之，不论你的老板有多吝啬多苛刻，你都不能以此为由放弃努力。

试比较两个具有相同背景的年轻人。一个热情主动、积极进取，对自己的工作总是精益求精，总是为公司的利益着想，而另一个总喜欢投机取巧，总嫌自己的薪水太低，总把自己的利益放在第一位。如果你是老板，你会雇佣谁，或者说你会给谁更多发展和晋升的机会呢？

世界上大多数人都在为薪水而工作，如果你能不为薪水而工作，你就超越了芸芸众生，也就迈出了成功的第一步。

不要看不起自己的工作

如果人们只追求高薪与政府职位，是非常危险的。它说明这个民族的独立精神已经枯竭；或者说得更严重些，一个国家的公民如果只是苦心孤诣地追求这些职位，会使整个民族像奴隶一般地生活。

无论你贵为君主还是身为平民，无论你是男还是女，都不要看不起自己的工作。如果你认为自己的劳动是卑贱的，那你就犯了一个巨大的错误。

有一位罗马演说家说："所有手工劳动都是卑贱的职业。"从此，罗马的辉煌历史就成了过眼云烟。亚里士多德也曾说过一句让古希腊人蒙羞的话："一个城市要想管理得好，就不该让工匠成为自由人。那些人是不可能拥有美德的。他们天生就是奴隶。"

今天，同样有许多人认为自己所从事的工作是低人一等的。他们身在其中，却无法认识到自己的价值，只是迫于生活的压力而劳动。他们轻视自己所从事的工作，自然无法投入全部身心。他们在工作中敷衍塞责、得过且过，而将大部分心思用在如何摆脱现在的工作环境上了。这样的人在任何地方都不会有所成就。

所有正当合法的工作都是值得尊敬的。只要你诚实地劳动和创造，没有人能够贬低你的价值，关键在于你如何看待自己的工作。那些只知道要求高薪，却不知道自己应承担的责任的人，无论对自己，还是对老板，都是没有价值的。

也许某些行业中的某些工作看起来并不高雅，工作环境也很差，无法得到社会的承认，但是，请不要无视这样一个事实：有用才是伟大的真正尺度。在许多年轻人看来，公务员、银行职员或者大公司白领才称得上是绅士，其中一些人甚至愿意等待漫长的时间，目的就是去谋求一个公务员的职位。但是，同样的时间他完全可以通过自身的努力，在现实的工作中找到自己的位置，发现自己的价值。

工作本身没有贵贱之分，但是对于工作的态度却有高低之别。看一个人是否能做好事情，只要看他对待工作的态度就可以了。而一个人的工作态度，又与他本人的性情、才能有着密切的关系。一个人所做的工作，是他人生态度的表现，一生的职业，就是他志向的表示、理想的所在。所以，了解一个人的工作态度，在某种程度上就是了解了那个人。

如果一个人轻视自己的工作，将它当成低贱的事情，那么他决不会尊敬自己。因为看不起自己的工作，所以备感工作艰辛、烦闷，工作自然不会做好。当今社会，有许多人不尊重自己的工作，不把工作看成创造一番事业的必由之路和发展人格的工具，而视为衣食住行的供给者，认为工作是生活的代价，是无可耐何、不可避免的劳碌，这是多么错误的观念啊！

那些看不起自己工作的人，往往是一些被动适应生活的人，他们不愿意奋力崛起，努力改善自己的生存环境。对于他们来说，公务员更体面，更有权威性；他们不喜欢商业和服务业，不喜欢体力劳动，自认为应该活得更加轻松，应该有一个更好的职位，工作时间更自由。他们总是固执地认为自己在某些方面更有优势，会有更广泛的前途，但事实上并非如此。

那些看不起自己工作的人，实际上是人生的懦夫。与轻松体面的公务员工作相比，商业和服务业需要付出更艰辛的劳动，需要更实际的能力。当人们害怕接受挑战时，就会找出许多借口，久而久之就变得看不起自己的工作了。这些人在学生时代可能就非常懒散，一旦通过了考试，便将书本抛到一边，以为所有的人生坦途都向他展开了。他们对于什么是理想的工作有许多错误的认识(如果说他们对于工作还存有什么理想的话)。莱伯特对这种人曾提出过警告："如果人们只追求高薪与政府职位，是非常危险的。它说明这个民族的独立精神已经枯竭；或者说得更严重些，一个国家的公民如果只是苦心孤诣地追求这些职位，会使整个民族像奴隶一般地生活。"

天生我材必有用,懒懒散散只会给我们带来巨大的不幸。有些年轻人用自己的天赋来创造美好的事物,为社会作出了贡献;另外有些人没有生活目标,缩手缩脚,浪费了天生的资质,到了晚年只能苟延残喘。本来可以创造辉煌的人生，结果却与成功失之交臂，不能说不是一个巨大的遗憾。

一个农夫，既有可能成为华盛顿之类的人物,也可能终日面对黄土背朝天,一直到老。

每一件事都值得我们去做

行为本身并不能说明自身的性质，而是取决于我们行动时的精神状态。

每一件事都值得我们去做，而且应该用心地去做。

卢浮宫收藏着莫奈的一幅画，描绘的是女修道院厨房里的情景。画面上正在工作的不是普通的人，而是天使。一个正在架水壶烧水，一个正优雅地提起水桶，另外一个穿着厨衣，伸手去拿盘子——即使日常生活中最平凡的事，也值得天使们全神贯注地去做。

行为本身并不能说明自身的性质，而是取决于我们行动时的精神状态。工作是否单调乏味，往往取决于我们做它时的心境。

人生目标贯穿于整个生命，你在工作中所持的态度，使你与周围的人区别开来。日出日落、朝朝暮暮，它们或者使你的思想更开阔，或者使其更狭隘；或者使你的工作变得更加高尚，或者变得更加低俗。

每一件事情对人生都具有十分深刻的意义。你是砖石工或泥瓦匠吗？可曾在砖块和沙浆之中看出诗意？你是图书管理员吗？经过辛勤劳动，在整理书籍的闲暇，是否感觉到自己已经取得了一些进步？你是学校的老师吗？是否对按部就班的教学工作感到厌倦？也许一见到自己的学生，你就变得非常有耐心，所有的烦恼都抛到了九霄云外了。

如果只从他人的眼光来看待我们的工作，或者仅用世俗的标准来衡量我们的工作，工作或许是毫无生气、单调乏味的，仿佛没有任何意义，没有任何吸引力和价值可言。这就好比我们从外面观察一个大教堂的窗户。大教堂的窗户布满了灰尘，非常灰暗，光华已逝，只剩下单调和破败的感觉。但是，一旦我们跨过门槛，走进教堂，立刻可以看见绚烂的色彩、清晰的线条。阳光穿过窗户在奔腾跳跃，形成了一幅幅美丽的图画。

由此，我们可以得到这样的启示：人们看待问题的方法是有局限的，我们必须从内部去观察才能看到事物真正的本质。有些工作只从表象看也许索然无味，只有深入其中，才可能认识到其意义所在。因此，无论幸运与否，每个人都必须从工作本身去理解工作，将它看作是人生的权利和荣耀——只有这样，才能保持个性的独立。

每一件事都值得我们去做。不要小看自己所做的每一件事，即便是最普通的事，也应该全力以赴、尽职尽责地去完成。小任务顺利完成，有利于你对大任务的成功把握。一步一个脚印地向上攀登，便不会轻易跌落。通过工作获得真正的力量的秘诀就蕴藏在其中。

享受工作的快乐

人生最有意义的就是工作，与同事相处是一种缘分，与顾客、生意伙伴见面是一种乐趣。

即使你的处境再不如人意，也不应该厌恶自己的工作，世界上再也找不出比这更糟糕的事情了。如果环境迫使你不得不做一些令人乏味的工作，你应该想方设法使之充满乐趣。用这种积极的态度投入工作，无论做什么，都很容易取得良好的效果。

人可以通过工作来学习，可以通过工作来获取经验、知识和信心。你对工作投入的热情越多，决心越大，工作效率就越高。当你抱有这样的热情时，上班就不再是一件苦差事,工作就变成了一种乐趣,就会有更多人愿意聘请你来做你所喜欢的事情。因此,工作是为了自己更快乐!

如果你每天工作八小时,你就等于在快乐地游泳,这是一个多么合算的事情啊!我见过许多在大公司工作的员工,他们拥有渊博的知识,受过专业的训练,他们朝九晚五穿行在写字楼里,有一份令人羡慕的工作,拿一份不菲的薪水,但是他们并不快乐。他们是一群孤独的人,不喜欢与人交流,不喜欢星期一;他们视工作如紧箍咒,仅仅是为了生存而不得不出来工作;他们精神紧张、未老先衰,常常患胃溃疡和神经官能症,他们的健康真是令人担忧。

当你在乐趣中工作,如愿以偿的时候,就该爱你所选,不轻言变动。如果你开始觉得压力越来越大,情绪越来越紧张,在工作中感受不到乐趣,没有喜悦的满足感,就说明有些事情不对劲了。如果我们不从心理上调整自己,即使换一万份工作,也不会有所改观。

一个人工作时,如果能以精益求精的态度,火焰般的热忱,充分发挥自己的特长,那么不论做什么样的工作，都不会觉得辛劳。如果我们能以满腔的热忱去做最平凡的工作，也能成为最精巧的艺术家；如果以冷淡的态度去做最不平凡的工作，也绝不可能成为艺术家。各行各业都有发展才能的机会，实在没有哪一项工作是可以藐视的。

如果一个人鄙视、厌恶自己的工作，那么他必遭失败。引导成功者的磁石，不是对工作的鄙视与厌恶，而是真挚、乐观的精神和百折不挠的毅力。

不管你的工作是怎样的卑微，都应当付之以艺术家的精神，应当有十二分的热忱。这样，你就可以从平庸卑微的境况中解脱出来，不再有劳碌辛苦的感觉，厌恶的感觉也自然会烟消云散。

我常常听到一些刚刚毕业的大学生抱怨自己所学的专业，于是我试着向他们提出这样的问题：如果你所学的专业与个人的志趣南辕北辙，那么，你当初为什么会选择它呢？如果已经为你的专业付出了四年的时光甚至更多的时间，这说明你对自己专业虽然谈不上热爱，但至少可以忍受。

所有的抱怨不过是逃避责任的借口，无论对自己还是社会都是不负责任的。想一下亨利·凯撒——一个真正成功的人,不仅因为冠以其名字的公司拥有10亿美元以上的资产,更由于他的慷慨和仁慈,使许多哑巴会说话,使许多跛者过上了正常人的生活,使穷人以低廉的费用得到了医疗保障……所有这一切都是由凯撒的母亲在他的心田里所播下的种子生长出来的。

玛丽·凯撒给了她的儿子亨利无价的礼物——教他如何应用人生最伟大的价值。玛丽在工作一天之后,总要花一段时间做义务保姆工作,帮助不幸的人们。她常常对儿子说:"亨利,不工作就不可能完成任何事情。我没有什么可留给你的,只有一份无价的礼物:工作的欢乐。"

凯撒说:"我的母亲最先教给我对人的热爱和为他人服务的重要性。她常常说,热爱人和为人服务是人生中最有价值的事。"

如果你掌握了这样一条积极的法则,如果你将个人兴趣和自己的工作结合在一起,那么,你的工作将不会显得辛苦和单调。兴趣会使你的整个身体充满活力，使你在睡眠时间不到平时的一半、工作量增加两三倍的情况下，也不会觉得疲劳。

工作不仅是为了满足生存的需要，同时也是实现个人人生价值的需要，一个人总不能无所事事地终老一生，应该试着将自己的爱好与所从事的工作结合起来，无论做什么，都要乐在其中，而且要真心热爱自己所做的事。

成功者乐于工作，并且能将这份喜悦传递给他人，使大家不由自主地接近他们，乐于与他们相处或共事。人生最有意义的就是工作，与同事相处是一种缘分，与顾客、生意伙伴见面是一种乐趣。

罗斯·金说："只有通过工作，才能保证精神的健康；在工作中进行思考，工作才是件快乐的事。两者密不可分。"

懒惰对心灵是一种伤害

工作时虚度光阴会伤害你的雇主,但受伤害更深的是你自己。

懒惰的人如果不是因为病了,就是因为还没找到最喜爱的工作。没有天生的懒人,人总是期望有事可做。由病中恢复的人,总是盼望能起床,四处走动,回到工作岗位上做点事——任何事都可以。

懈怠会引起无聊,无聊也会导致懒散。相反,工作可以引发兴趣,兴趣则促成热忱和进取心。

克莱门特·斯通曾说:"理智无法支配情绪, 相反行动才能改变情绪。"选定你最擅长、最乐意投入的事,然后全力以赴付诸行动!

许多人都抱着这样一种想法，我的老板太苛刻了，根本不值得如此勤奋地为他工作。然而，他们忽略了这样一个道理：工作时虚度光阴会伤害你的雇主，但受伤害更深的是你自己。

一些人花费很多精力来逃避工作，却不愿花相同的精力努力完成工作。他们以为自己骗得过老板，其实，他们愚弄的只是自己。老板或许并不了解每个员工的表现或熟知每一份工作的细节，但是一位优秀的管理者很清楚，努力最终带来的结果是什么。可以肯定的是，升迁和奖励是不会落在玩世不恭的人身上的。

如果你永远保持勤奋的工作态度，你就会得到他人的称许和赞扬，就会赢得老板的器重，同时也会获取一份最可贵的资产——自信，对自己所拥有的才能赢得一个人或者一个机构器重的自信。

懒惰会吞噬人的心灵，使心灵中对那些勤奋之人充满了嫉妒。

那些思想贫乏的人、愚蠢的人和慵懒怠惰的人只注重事物的表象，无法看透事物的本质。他们只相信运气、机缘、天命之类的东西。看到人家发财了，他们就说："那是幸运！"

看到他人知识渊博、聪明机智，他们就说："那是天分。"发现有人德高望重、影响广泛，他们就说："那是机缘。"

他们不曾亲眼目睹那些人在实现理想过程中经受的考验与挫折；他们对黑暗与痛苦视而不见，光明与喜悦才是他们注意的焦点；他们不明白没有付出非凡的代价，没有不懈的努力，没有克服重重的困难，是根本无法实现自己的梦想的。

任何人都要经过不懈努力才能有所收获。收获的成果取决于这个人努力的程度，没有机缘巧合这样的事存在。

拖延和逃避是一种恶习

如果那些一天到晚想着如何欺瞒的人，能将这些精力及创意的一半用到正途上，他们就有可能取得巨大的成就。

懒惰之人的一个重要特征就是拖延。把前天该完成的事情拖延敷衍到后天，这是一种很坏的工作习惯。对一位渴望成功的人来说，拖延最具破坏性，也是最危险的恶习，它使人丧失进取心。一旦开始遇事推拖，就很容易再次拖延，直到变成一种根深蒂固的习惯。解决拖延的唯一良方就是行动。当你开始着手做事——任何事，你就会惊讶地发现，自己的处境正迅速地改变。

习惯性的拖延者通常也是制造借口与托辞的专家。如果你存心拖延逃避,你就能找出成千上万个理由来辩解为什么事情无法完成,而对事情应该完成的理由却想得少之又少。把“事情太困难、太昂贵、太花时间”等种种理由合理化,要比相信“只要我们更努力、更聪明、信心更强,就能完成任何事”的念头容易得多。

这类人无法接受承诺,只想找借口。如果你发现自己经常为了没做某些事而制造借口,或想出千百个理由为事情未能按计划实施而辩解,最好自我反省一番吧。别再做一些无谓的解释了,动手做事吧!

拖延是对生命的挥霍。拖延在人们日常生活中司空见惯,如果你将一天时间记录下来,就会惊讶地发现,拖延正在不知不觉地消耗着我们的生命。

拖延是因为人的惰性在作怪, 每当自己要付出劳动时,或要作出抉择时,我们总会为自己找出一些借口来安慰自己,总想让自己轻松些、舒服些。有些人能在瞬间果断地战胜惰性,积极主动地面对挑战;有些人却深陷于“激战”泥潭，被主动和惰性拉来拉去，不知所措，无法定夺……时间就这样一分一秒地浪费了。

人们都有这样的经历，清晨闹钟将你从睡梦中惊醒，想着自己所订的计划，同时却感受着被窝里的温暖，一边不断地对自己说：该起床了，一边又不断地给自己寻找借口——再等一会儿。于是，在忐忑不安之中，又躺了五分钟，甚至十分钟……

拖延是对惰性的纵容，一旦形成习惯，就会消磨人的意志，使你对自己越来越失去信心，怀疑自己的毅力，怀疑自己的目标，甚至会使自己的性格变得犹豫不决。拖延有时候也是由于考虑过多、犹豫不决造成的。

适当的谨慎是必要的，但过于谨慎则是优柔寡断，何况诸如早上起床这样的事是没必要作任何考虑的。我们需要想尽一切办法不去拖延，在知道自己要做一件事的同时，立即动手，绝不给自己留一秒钟的思考余地。千万不能让自己拉开和惰性开仗的架势——对付惰性最好的办法就是根本不让惰性出现。往往在事情的开端，总是会有积极的想法，然后当头脑中冒出“我是不是可以……”这样的问题时，惰性就出现了，“战争”也就开始了。一旦开仗，结果就难说了。所以，要在积极的想法一出现时，就马上行动，让惰性没有乘虚而入的可能。

人们如此善于找借口，却无法将工作做好，的确是一件非常奇怪的事。如果那些一天到晚想着如何欺瞒的人，能将这些精力及创意的一半用到正途上，他们就有可能取得巨大的成就。

克服拖延的习惯，将其从自己的个性中根除。这种把你应该在上星期、去年或甚至十几年前该做的事情拖到明天去做的习惯，正在啃噬你的意志，除非你革除了这种坏习惯，否则你将难以取得任何成就。有许多方法可以克服这种恶习：

第一，每天从事一件明确的工作，而且不必等待别人的指示就能够主动去完成；

第二，到处寻找，每天至少找出一件对其他人有价值的事情，而且不期望获得报酬；

第三，每天要将养成这种主动工作习惯的价值告诉别人，至少要告诉一个人。

让我们勤奋工作

勤奋是通往荣誉圣殿的必经之路。

让我们勤奋工作！

这是古罗马皇帝临终前留下的遗言。当时，士兵们全部聚集在他的周围。

勤奋与功绩是罗马人的伟大箴言，也是他们征服世界的秘诀所在。那些凯旋归来的将军都要归乡务农。当时，农业生产是受人尊敬的工作，罗马人之所以被称为优秀的农业家，其原因也正在于此。正是因为罗马人推崇勤劳的品质，才使整个国家逐渐变得强大。

然而，当财富日益丰富，奴隶数量日益增多，劳动对于罗马人变得不再是必要时，整个国家就开始走下坡路。结果，因为懒散而导致犯罪横行、腐败滋生，一个有着崇高精神的民族变得声名狼藉了。

世界上到处是一些看来就要成功的人——在很多人的眼里，他们能够并且应该成为这样或那样非凡的人物——但是，他们并没有成为真正的英雄。原因何在呢？

原因在于他们没有付出与成功相应的代价。他们希望到达辉煌的巅峰，但不希望越过那些艰难的梯级；他们渴望赢得胜利，但不希望参加战斗；他们希望一切都一帆风顺，而不愿意遭遇任何阻力。

懒汉们常常抱怨，自己竟然没有能力让自己和家人衣食无忧；勤奋的人会说："我也许没有什么特别的才能，但我能够拼命干活以挣取面包。"

古罗马人有两座圣殿，一座是美德的圣殿，一座是荣誉的圣殿。他们在安排座位时有一个顺序，即必须经过前者的座位，才能达到后者——勤奋是通往荣誉圣殿的必经之路。

一个人的品性是多年行为习惯的结果。行为重复多次就会变得不由自主,似乎不费吹灰之力就可以无意识地、反复做同样的事情,最后不这样做已经不可能了,于是形成了人的品性。

因此,一个人的品性受思维习惯与成长经历的影响,他在人生中可以作出不同的努力,作出善或恶的选择,最终决定一生品性的好坏。

有一位可怜的失业者,他为人忠厚,从不逃避工作。他渴望工作,却总是被抛弃在工作的门外。尽管他曾经努力地去尝试,但结果依然是失败,如此看来,他有何善报呢?

回顾以前的工作经历我们发现,尽管他曾经做过许多事情,但总是觉得负担太重而逃避。他渴望过上一种安逸的生活,将无所事事看成是人生最大的乐趣。年轻的时候没有珍惜机会,现在他终于如愿以偿、梦想成真,可以无所事事地生活了,但是这个他原本渴望的"美好生活",现在却变成了一枚苦果。

贪图安逸将会使人堕落,无所事事会令人退化,只有勤奋工作才是最高尚的,才能给人带来真正的幸福和乐趣。这个人终于意识到了这一点,开始改掉自己好逸恶劳的恶习,努力去寻找一份自己力所能及的工作,境况也逐渐有所改变。

现在就动手做吧！

如果你想规避某项杂务，那么你就应该从这项杂务着手，立即进行，否则，事情还是会不断地困扰你，使你觉得烦琐无趣而不愿意动手。

现在就动手做吧!

这句话是一个最惊人的自动启动器。任何时候，当你感到推拖的恶习正悄悄地向你靠近，或者当此恶习已迅速缠上你，使你动弹不得时，你都需要用这句话提醒自己。

总有很多事情需要去做，如果你正受到怠惰的钳制，那么不妨就从碰见的任何一件事着手。是什么事并不重要，重要的是，你突破了无所事事的恶习。从另一个角度来说，如果你想规避某项杂务，那么你就应该从这项杂务着手，立即进行。否则，事情还是会不断地困扰你，使你觉得烦琐无趣而不愿意动手。

当你养成“现在就动手做”的工作习惯时，你就掌握了个人进取的精义。

你工作的能力加上你工作的态度，决定你的报酬和职务。那些工作效率高、做事多，并且乐此不疲的人，往往担任公司最重要的职务。当你下定决心永远以积极的心态做事时，你就朝自己的远大前程迈出了重要的一步。

一开始，你会觉得坚持这种态度很不容易，但最终你会发现这种态度会成为你个人价值的一部分。而当你体验到他人的肯定给你的工作和生活所带来的帮助时，你就会一如既往地用这种态度做事。

忙碌的人不肯拖延，他们觉得生活正如莱特所形容的那样：“骑着一辆脚踏车，不是保持平衡向前进，就是翻倒在地。”效率高的人往往有限时完成工作的观念，他们确定做每件事所需的时间，并且强迫自己

在预期内完成。即使你的工作并没有严格的时间限制,也应该经常训练自己。当你发现自己能在短时间内做更多的事时,一定会惊讶不已的!

如果你希望一件事能快速而圆满地完成，那么请交给那些勤奋而忙碌的人吧。那些懒散的人,他们精于滥竽充数和偷工减料，大多数人并不了解自己处理事情的真正能力。他们不肯迎接每天的挑战,来激发自己最大的潜能。人们都知道，面对一件自己感兴趣的事情,无论多么繁忙都能腾出时间去做。但是,面对那些无趣的工作,我们总是轻易推拖,甚至有意无意遗忘。

不论做什么事,成功的关键在于我们行动之前对自己有什么样的期望,定什么样的目标。你应该懂得,你用什么标准衡量自己,别人就会用什么样的标准来评估你。爱默生说:“紧紧追踪四轮车到星球上去,要比在泥泞道上追踪蜗牛行迹更容易达到自己的目标!”

人生要想成功,就要一点一滴地奠定基础。先给自己设定一个切实可行的目标,确实达到之后,再迈向更高的目标。

现在就动手做吧!

第二章
对待公司：敬业

敬业表面上看起来有益于公司和老板，但最终受益者却是自己。当我们将敬业变成一种习惯时，就能从中学到更多的知识，积累更多的经验，能从全身心投入工作的过程中找到快乐。

职业是人的使命所在

敬业表面上看起来是有益于公司，有益于老板，但最终的受益者却是自己。

职业是人的使命所在，是人类共同拥有和崇尚的一种精神。从世俗的角度来说，敬业就是敬重自己的工作，将工作当成自己的事，其具体表现为忠于职守、尽职尽责、认真负责、一丝不苟、善始善终等职业道德，其中揉合了一种使命感和道德责任感。这种道德感在当今社会得以发扬光大，使敬业精神成为一种最基本的做人之道，也是成就事业的重要条件。

任何一家想竞争取胜的公司必须设法使每个员工

敬业。没有敬业的员工就无法给顾客提供高质量的服务，就难以生产出高质量的产品，推而广之。一个国家如果想立于世界强国之林，也必须使其公民敬业。警察应该尽职尽责为民众服务；行政官员应该勤奋思考并制订和执行政策；议员代表应该勤于问政；只有每个人做一行爱一行，这个社会才能被称为敬业的社会。

然而，无论我们从事什么行业，无论到什么地方，我们总是能发现许多投机取巧、逃避责任、寻找借口的人，他们不仅缺乏一种神圣使命感，而且缺乏对敬业精神世俗意义的理解。敬业表面上看起来是有益于公司，有益于老板，但最终的受益者却是自己。

当我们将敬业变成一种习惯时，就能从中学到更多的知识，积累更多的经验，就能从全身心投入工作的过程中找到快乐。这种习惯或许不会有立竿见影的效果，但可以肯定的是，当"不敬业"成为一种习惯时，其结果可想而知。工作上投机取巧也许只给你的老板带来一点点的经济损失，但是却可以毁掉你的一生。

成败往往取决于个人人格。一个勤奋敬业的人也许并不能获得上司的赏识，但至少可以获得他人的尊重。那些投机取巧之人即使利用某种手段爬到一个高位，但往往被人视为人格低下，无形中给自己的成功之路设置了障碍。不劳而获也许非常有诱惑力，但很快就会付出代价，他们会失去最宝贵的资产——名誉。诚实及敬业的名声是人生最大的财富。

我认识一个颇有才华的年轻人，但是却工作散漫，缺乏敬业精神。一次报社急着要发稿，他却搂着稿件回家睡大觉去了，影响了整个报纸的出版时间。像这种人永远得不到尊重和提升。人们往往会尊敬那些能力中等但尽职尽责的人，而不会尊敬一个能力卓越，但不负责任的人。

受人尊重会获得更多的自尊心和自信心。不论你的工资多么低，不论你的老板多么不器重你，只要你能忠于职守，毫不吝惜地投入自己的精力和热情，渐渐地你会为自己的工作感到骄傲和自豪，就会赢得他人的尊重。以主人和胜利者的心态去对待工作，工作自然而然就能做得更好。

一个对工作不负责任的人，往往是一个缺乏自信的人，也是一个无法体会快乐真谛的人。要知道，当你将工作推给他人时,实际上也是将自己的快乐和信心转移给了他人。

有人问一位成功学家:"你觉得大学教育对于年轻人的将来是必要的吗?"这位成功学家的回答发人深省:"单单对经商而言不是必须的。商业更需要的是敬业精神。事实上,对于许多年轻人来说,大学教育意味着在他们应当培养全力以赴的工作精神时,被父母送进了校园。进了大学就意味着开始了他一生中最惬意最快活的时光。当他走出校园时,年轻人正值生命的黄金时期,但此时此刻他们往往很难将自己的身心集中到工作上,结果眼睁睁地看着成功机会从身边溜走,真是很可惜啊。"

全心全意，尽职尽责

如果你能真正制好一枚别针，应该比你制造出粗陋的蒸汽机赚到的钱更多。

一份英国报纸刊登一则招聘教师的广告："工作很轻松，但要全心全意，尽职尽责。"事实上，不仅教师如此，所有的工作都应该全心全意、尽职尽责才能做好。而这正是敬业精神的基础。

一个人无论从事何种职业，都应该尽心尽责，尽自己的最大努力，求得不断的进步。这不仅是工作的原则，也是人生的原则。如果没有了职责和理想，生命就会变得毫无意义。无论你身居何处（即使在贫穷困苦的环境中),如果能全身心投入工作,最后就会获得经济自由。那些在人生中取得成就的人,一定在某一特定领域里进行过坚持不懈的努力。

知道如何做好一件事，比对很多事情都懂一点皮毛要强得多。在德克萨斯州一所学校作演讲时,一位总统对学生们说:“比其他事情更重要的是，你们需要知道怎样将一件事情做好；与其他有能力做这件事的人相比,如果你能做得更好,那么,你就永远不会失业。”

一个成功的经营者说:“如果你能真正制好一枚别针，应该比你制造出粗陋的蒸汽机赚到的钱更多。”

许多人都曾为一个问题而困惑不解:明明自己比他人更有能力,但是成就却远远落后于他人?不要疑惑,不要抱怨,而应该先问问自己一些问题:

——自己是否真的走在前进的道路上?

——自己是否像画家仔细研究画布一样,仔细研究职业领域的各个细节问题?

——为了增加自己的知识面，或者为了给你的老板创造更多的价值，你认真阅读过专业方面的书籍吗？

——在自己的工作领域你是否做到了尽职尽责？

如果你对这些问题无法作出肯定的回答，那么这就是你无法取胜的原因。如果一件事情是正确的，那么就大胆而尽职地去做吧！如果它是错误的，就干脆放弃。

那些技术半生不熟的泥瓦工和木匠，将砖石和木料拼凑在一起来建造房屋，在这些房屋尚未售出之前，有些已经在暴风雨中坍塌了；术业不精的医科学生不愿花更多的时间学好技术，结果做起手术来笨手笨脚，让病人冒着极大的生命危险；律师在读书时不注意培养能力，办起案件来捉襟见肘，让当事人白白花费金钱……这些都是缺乏敬业精神的表现。

无论从事什么职业，都应该精通它。让这句话成为你的座右铭吧！下决心掌握自己职业领域的所有问题，使自己变得比他人更精通。如果你是工作方面的行家里手，精通自己的全部业务，就能赢得良好的声誉，也就拥有了一种潜在成功的秘密武器。

某人就个人努力与成功之间的关系请教一位伟人："你是如何完成如此多的工作的？"

"我在一段时间内只会集中精力做一件事，但我会彻底做好它。"

如果你对自己的工作没有作好充分的准备，又怎能因自己的失败而责怪他人、责怪社会呢？现在，最需要做到的就是"精通"二字。大自然要经过千百年的进化，才长出一朵艳丽的花朵和一颗饱满的果实。但是在美国，年轻人随便读几本法律书，就想处理一桩桩棘手的案件，或者听了两三堂医学课，就急于做外科手术——要知道，那个手术维系着一条宝贵的生命啊！

学生时代一旦养成了半途而废、心不在焉、懒懒散散的坏习惯，运用一些小伎俩来蒙混过关，欺骗老师，一旦步入社会，就不可能出色地完成任何任务。去银行办事时总是迟到，人们会拒付他的票据；与人约会时总是延误，会让人大失所望。如果一个人认为小事情是不值得认真对待的，那么如果他想著书立说，也必定漏洞百出。一些人从来不会认真地整理自己的论文和书信，所有的文稿和信件散乱地堆放在书桌上，办事时他就会缺乏条理，不讲究秩序，思维也不周密，结果是连自己最基本的立场、原则和态度都会丧失，也会失去他人对自己的信心。

这种人注定会是失败者，家人和同事也会为他们感到沮丧和失望。如果这种人成为领导，将会造成更恶劣的影响，其下属也必定会受这种恶习的传染——当他们看到上司不是一个精益求精、细心周密的人时，往往会群起而效仿。这样一来，个人的缺陷和弱点就会渗透到整个事业中去，影响公司的发展。

一位先哲说过："如果有事情必须去做，便全身心投入去做吧！"另一位明哲则道："不论你手边有何工作，都要尽心尽力地去做！"

做事情无法善始善终的人，其心灵上亦缺乏相同的特质。他不会培养自己的个性，意志无法坚定，无法达到自己追求的目标。一面贪图玩乐，一面又想修道，自以为可以左右逢源的人，不但享乐与修道两头落空，还会悔不当初。从某种意义而言，全心追名逐利比敷衍修道好。

做事一丝不苟能够迅速培养严谨的品格、获得超凡的智能；它既能带领普通人往好的方向前进，更能鼓舞优秀的人追求更高的境界。

无论做何事，务须竭尽全力，因为它决定一个人日后事业上的成败。一个人一旦领悟了全力以赴地工作能消除工作辛劳这一秘诀，他就拥有了打开成功之门的钥匙了。能处处以主动尽职的态度工作，即使从事最平庸的职业也能增添个人的荣耀。

每天多做一点

我们不应该抱有“我必须为老板做什么？”的想法，而应该多想想“我能为老板做些什么？”

全心全意、尽职尽责是不够的，还应该比自己分内的工作多做一点，比别人期待的更多一点，如此可以吸引更多的注意，给自我的提升创造更多的机会。

你没有义务要做自己职责范围以外的事，但是你也可以选择自愿去做，以驱策自己快速前进。率先主动是一种极珍贵、备受看重的品质，它能使人变得更加敏捷，更加积极。无论你是管理者还是普通职员，“每天多做一点”的工作态度能使你从竞争中脱颖而出。你的老板、委托人和顾客会关注你、信赖你，从而给你更多的机会。

每天多做一点工作也许会占用你的时间，但是，你的行为会使你赢得良好的声誉，并增加他人对你的需要。

卡洛·道尼斯先生最初为杜兰特工作时，职务很低，后来已成为杜兰特先生的左膀右臂，担任其下属一家公司的总裁。之所以能如此快速升迁，秘密就在于“每天多干一点”。

我曾经拜访道尼斯先生，并且询问其成功的诀窍。他平静而简短地道出了个中原由：“在为杜兰特先生工作之初，我就注意到，每天下班后，所有的人都回家了，杜兰特先生仍然会留在办公室里继续工作到很晚。因此，我决定下班后也留在办公室里。是的，的确没有人要求我这样做，但我认为自己应该留下来，在需要时为杜兰特先生提供一些帮助。

“工作时杜兰特先生经常找文件、打印材料，最初这些工作都是他自己亲自来做。很快，他就发现我随时在等待他的召唤，并且逐渐养成招呼我的习惯……”

杜兰特先生为什么会养成召唤道尼斯先生的习惯呢？因为道尼斯自动留在办公室，使杜兰特先生随时可以看到他，并且诚心诚意为他服务。这样做获得了报酬吗？没有。但是，他获得了更多的机会，使自己赢得老板的关注，最终获得了提升。

有几十种甚至更多的理由可以解释，你为什么应该养成“每天多做一点”的好习惯——尽管事实上很少有人这样做。其中两个原因是最主要的：

第一，在建立了“每天多做一点的”的好习惯之后，与四周那些尚未养成这种习惯的人相比，你已经具有了优势。这种习惯使你无论从事什么行业，都会有更多的人指名道姓地要求你提供服务。

第二，如果你希望将自己的右臂锻炼得更强壮，唯一的途径就是利用它来做最艰苦的工作。相反，如果长期不使用你的右臂，让它养尊处优，其结果就是使它变得更虚弱甚至萎缩。

身处困境而拼搏能够产生巨大的力量，这是人生永恒不变的法则。如果你能比分内的工作多做一点，那么，不仅能彰显自己勤奋的美德，而且能发展一种超凡的技巧与能力，使自己具有更强大的生存力量，从而摆脱困境。

社会在发展，公司在成长，个人的职责范围也随之扩大。不要总是以“这不是我分内的工作”为由来逃避责任。当额外的工作分配到你头上时，不妨视之为一种机遇。

提前上班，别以为没人注意到，老板可是睁大眼睛在瞧着呢？如果能提早一点到公司，就说明你十分重视这份工作。每天提前一点到达，可以对一天的工作做个规划，当别人还在考虑当天该做什么时，你已经走在别人前面了！

想成为一名成功人士，必须树立终身学习的观念。既要学习专业知识，也要不断拓宽自己的知识面，一些看似无关的知识往往会对未来起巨大作用。而“每天多做一点”则能够给你提供这样的学习机会。

如果不是你的工作，而你做了，这就是机会。有人曾经研究为什么当机会来临时我们无法确认，因为机会总是乔装成“问题”的样子。当顾客、同事或者老板交给你某个难题，也许正为你创造了一个珍贵的机会。对于一个优秀的员工而言,公司的组织结构如何,谁该为此问题负责,谁应该具体完成这一任务,都不是最重要的,在他心目中唯一的想法就是如何将问题解决。

下一次当顾客、同事和老板要求你提供帮助,做一些分外的事情,而不是让他人来处理时,积极地伸出援助之手吧!努力从另外一个角度来思考,譬如换一个角色,自己就是这件事的责任人,你将如何来更好地解决这些问题?

每天多做一点,初衷也许并非为了获得报酬,但往往获得的更多。

对艾伦一生影响深远的一次职务提升是由一件小事情引起的。一个星期六的下午,一位律师(其办公室与艾伦的同在一层楼)走进来问他,哪儿能找到一位速记员来帮忙——手头有些工作必须当天完成。

艾伦告诉他,公司所有速记员都去观看球赛了,如果晚来五分钟,自己也会走。但艾伦同时表示自己愿意留下来帮助他,因为"球赛随时都可以看,但是工作必须在当天完成。"

做完工作后，律师问艾伦应该付他多少钱。艾伦开玩笑地回答："哦，既然是你的工作，大约1000美元吧。如果是别人的工作，我是不会收取任何费用的。"律师笑了笑，向艾伦表示谢意。

艾伦的回答不过是一个玩笑，并没有真正想得到1000美元。但出乎艾伦意料，那位律师竟然真的这样做了。六个月之后，在艾伦已将此事忘到了九霄云外时，律师却找到了艾伦，交给他1000美元，并且邀请艾伦到自己公司工作，薪水比现在高出1000多美元。

那个周六的下午，艾伦放弃了自己喜欢的球赛，多做了一点事情，最初的动机不过是出于乐于助人的愿望，而不是金钱上的考虑。艾伦并没有责任放弃自己的休息日去帮助他人，但那是他的一种特权，一种有益的特权，它不仅为自己增加了1000美元的现金收入，而且为自己带来一项比以前更重要、收入更高的职务。

另一位成功人士曾经向我讲述自己是如何走上富裕道路的。

"50年前，我开始踏入社会谋生，在一家五金店找到了一份工作，每年才挣 75 美元。有一天，一位顾客买了一大批货物，有铲子、钳子、马鞍、盘子、水桶、箩筐等等。这位顾客过几天就要结婚了，提前购买一些生活和劳动用具是当地的一种习俗。货物堆放在独轮车上，装了满满一车，骡子拉起来也有些吃力。送货并非我的职责，而完全是出于自愿——我为自己能运送如此沉重的货物而感到自豪。”

“一开始一切都很顺利，但是，车轮一不小心陷进了一个不深不浅的泥潭里，使尽吃奶的劲都推不动。一位心地善良的商人驾着马车路过，用他的马拖起我的独轮车和货物，并且帮我将货物送到顾客家里。在向顾客交付货物时，我仔细清点货物的数目，一直到很晚才推着空车艰难地返回商店。我为自己的所作所为感到高兴，但是，老板却并没有因我的额外工作而称赞我。”

“第二天，那位商人将我叫去，告诉我说，他发现我工作十分努力，热情很高，尤其注意到我卸货时清点物品数目的细心和专注。因此，他愿意为我提供一个年薪 500 美元的职位。我接受了这份工作，并且从此走上了致富之路。”

因此，我们不应该抱有“我必须为老板做什么？”的想法，而应该多想想“我能为老板做些什么？”一般人认为，忠实可靠、尽职尽责完成分配的任务就可以了，但这还远远不够，尤其是对于那些刚刚踏入社会的年轻人来说更是如此。要想取得成功，必须做得更多更好。一开始我们也许从事秘书、会计和出纳之类的事务性工作，难道我们要在这样的职位上做一辈子吗？成功者除了做好本职工作以外，还需要做一些不同寻常的事情来培养自己的能力，并以此来引起人们的关注。

如果你是一名货运管理员，也许可以在发货清单上发现一个与自己的职责无关的未被发现的错误；如果你是一个过磅员，也许可以质疑并纠正磅秤的刻度错误，以免公司遭受损失；如果你是一名邮差，除了保证信件能及时准确到达，也许可以做一些超出职责范围的事情……这些工作也许是专业技术人员的职责，但是如果你做了，就等于播下了成功的种子。

付出多少，得到多少，这是一个众所周知的因果法则。也许你的投入无法立刻得到相应的回报，但不要气馁，应该一如既往地多付出一点。回报可能会在不经意间，以出人意料的方式出现。最常见的回报是晋升和加薪。除了老板以外，回报也可能来自他人，以一种间接的方式来实现。

对百万富翁成功经验的研究也反复证明额外投入的回报原则，尤其是在这些人早期创业时，这条原则尤显重要。当他们的努力和个人价值没有得到老板的承认时，他们往往会选择独立创业，在这个过程中，早期的努力使其大受裨益。你付出的努力如同存在银行里的钱，当你需要的时候，它随时都会为你服务。

超越平庸，选择完美

不要满足于尚可的工作表现，要尽善尽美，你才能成为不可或缺的人物。

很久很久以前，一位有钱人要出门远行，临行前他把仆人们叫到一起并把财产委托他们保管。依据他们每个人的能力，他给了第一个仆人十两银子，第二个仆人五两银子，第三个仆人二两银子。拿到十两银子的仆人把它用于经商并且赚到了十两银子。同样，拿到五两银子的仆人也赚到了五两银子。但是拿到二两银子的仆人却把它埋在了土里。

过去了很长一段时间，这个有钱人回来与仆人们结算。拿到十两银子的仆人带着另外十两银子来了。主人说："做得好！你是一个对很多事情充满自信的人。我会让你掌管更多的事情。现在就去享受你的奖赏吧。"

同样，拿到五两银子的仆人带着他另外的五两银子来了。主人说："做得好！你是一个对一些事情充满自信的人。我会让你掌管很多事情。现在就去享受你的奖赏吧。"

最后拿到二两银子的仆人来了，他说："主人，我知道你想成为一个强人，收获没有播种的土地，收割没有撒种的土地。我很害怕，于是把钱埋在了地下。"主人回答道："又懒又缺德的人，你既然知道我想收获没有播种的土地，收割没有撒种的土地，那么你就应该把钱存到银行家那里，以便我回来时能拿到我的那份利息，然后再把它给有十两银子的人。我要给那些已经拥有很多的人，使他们变得更富有；而对于那些一无所有的人，甚至他们有的也会被剥夺。"

这个仆人原以为自己会得到主人的赞赏，因为他没丢失主人给的那二两银子。在他看来，虽然没有使金钱增值，但也没丢失，就算是完成主人交待的任务了。然而他的主人却不这么认为。他不想让自己的仆人顺其自然，而是希望他们能主动些，变得更杰出些。

不要满足于尚可的工作表现，要尽善尽美，你才能成为不可或缺的人物。人类永远不能做到完美无缺，但是在我们不断增强自己的力量、不断提升自己的时候，我们对自己要求的标准会越来越高。这是人类精神的永恒本性。

对于我们来说，顺其自然是平庸无奇的。平庸是我们的最后一条路。为什么可以选择更好时我们总是选择平庸呢？如果你可以在一年之外弄出一天，那为什么不利用这365天呢？

为什么我们只能做别人正在做的事情？为什么我们不可以超越平庸？

如果一个人顺其自然的话，那么他也不会赢得奥林匹克竞赛。把金牌带回家的运动员必须是超越已有的记录。

不要总说别人对你的期望值比你对自己的期望值高。如果哪个人在你所做的工作中找到失误，那么你就不是完美的，你也不需要去找任何借口。承认这并不是你的最佳程度，千万不要挺身而出去捍卫自己。当我们可以选择完美时，却为何偏偏选择平庸呢？我讨厌人们说那是因为天性使他们要求不太高。他们可能会说：“我的个性不同于你，我并没有你那么强的上进心，那不是我的天性。”

超越平庸，选择完美。这是一句值得我们每个人一生追求的格言。有无数人因为养成了轻视工作、马马虎虎的习惯，以及对手头工作敷衍了事的态度，终致一生处于社会底层，不能出人头地。

在某大型机构一座雄伟的建筑物上，有句很让人感动的格言。那句格言是：“在此，一切都追求尽善尽美。”“追求尽善尽美”值得做我们每个人一生的格言，如果每个人都能用这格言，实践这一格言，决心无论做任何事情，都要竭尽全力，以求得尽善尽美的结果，那么人类的福利不知要增进多少。

人类的历史，充满着由于疏忽、畏难、敷衍、偷懒、轻率而造成的可怕惨剧。以前，在宾夕法尼亚的奥斯汀镇，因为筑堤工程没有照着设计去筑石基，结果堤岸溃决，全镇都被淹没，无数人死于非命。像这种因工作疏忽而引起悲剧的事实，在我们这片辽阔的土地上，随时都有可能发生。无论什么地方，都有人犯疏忽、敷衍、偷懒的错误。如果每个人都能凭着良心做事，并且不怕困难、不半途而废，那么不但可以减少不少的惨祸，而且可使每个人都具有高尚的人格。

养成了敷衍了事的恶习后，做起事来往往就会不诚实。这样，人们最终必定会轻视他的工作，从而轻视他的人品。粗劣的工作，就会造成粗劣的生活。工作是人们生活的一部分，做着粗劣的工作，不但使工作的效能降低，而且还会使人丧失做事的才能。所以，粗劣的工作，实在是摧毁理想、堕落生活、阻碍前进的仇敌。

要实现成功的唯一方法，就是在做事的时候，抱着非做成不可的决心，要抱着追求尽善尽美的态度。而世界上为人类创立新理想、新标准，扛着进步的大旗，为人类创造幸福的人，就是具有这样素质的人。无论做什么事，如果只是以做到“尚佳”为满意，或是做到半途便停止，那他绝不会成功。

有人曾经说过:“轻率和疏忽所造成的祸患不相上下。”许多年轻人之所以失败,就是败在做事轻率这一点上。这些人对于自己所做的工作从来不会做到尽善尽美。

大部分青年,好像不知道职位的晋升,是建立在忠实履行日常工作职责的基础上的。只有尽职尽责地做好目前所做的工作,才能使他们渐渐地获得价值的提升。

相反,许多人在寻找自我发展机会时,常常这样问自己:“做这种平凡乏味的工作,有什么希望呢?”可是,就是在极其平凡的职业中、极其低微的位置上,往往蕴藏着巨大的机会。只要把自己的工作做得比别人更完美、更迅速、更正确、更专注,调动自己全部的智力,从旧事中找出新方法来,才能引起别人的注意,使自己有发挥本领的机会,满足心中的愿望。

做完一件工作以后,应该这样说:“我愿意做那份工作,我已竭尽全力、尽我所能来做那份工作,我更愿意听取别人对我的批评。”

成功者和失败者的分水岭在于:成功者无论做什

么，都力求达到最佳境界，丝毫不会放松；成功者无论做什么职业，都不会轻率疏忽。

你工作的质量往往会决定你生活的质量。在工作中你应该严格要求自己，能做到最好，就不能允许自己只做到次好；能完成百分之百，就不能只完成百分之九十九。不论你的工资是高还是低，你都应该保持这种良好的工作作风。每个人都应该把自己看成是一名杰出的艺术家，而不是一个平庸的工匠，应该永远带着热情和信心去工作。

做的比要求的更多

如果你能在工作中找出更有效率、更经济的方法，而且能够做的比要求的更多，你就能提升自己在公司的地位。

如果你能在工作中找出更有效率、更经济的方法，而且能够做的比要求的更多，你就能提升自己在公司的地位。

管理者会邀请你参加公司决策会议，你将会被调升到更高的职位，因为你已变成一位不可取代的重要人物。

一位雇主曾聘用一名年轻女孩当助手，替他拆阅、分类信件，薪水与相关的工作人员相同。有一天，这位雇主口述了一句格言，要求她用打字机记录下来："请记住：你唯一的限制就是你自己脑海中所设立的那个限制。"

她将打好的文件交给雇主，并且有所感悟地说："你的格言令我深受启发，对我的人生大有价值。"

这件事并未引起雇主的注意，但是，却在女孩心中烙上了深深的烙印。从那天起她开始在晚饭后回到办公室继续工作，不计报酬地干一些并非自己分内的工作——譬如替老板给读者回信。

她认真研究雇主的语言风格，以至于这些回信和自己老板一样好，有时甚至更好。

她一直坚持这样做，并不在意老板是否注意到自己的努力。终于有一天，雇主的秘书因故辞职，在挑选合适人选时，老板自然而然地想到了这个女孩。

在没有得到这个职位之前已经身在其位了，这正是女孩获得提升最重要的原因。当下班的铃声响起之后，她依然坚守在自己的岗位上，在没有任何报酬承诺的情况下，依然刻苦训练，最终使自己有资格接受更高的职位。

无论你目前从事哪一项工作，每天一定要使自己获得一个机会，使你能在平常的工作范围之外，从事一些对其他人有价值的服务。在你主动提供这些帮助时，你应当了解，自己这样做的目的并不是为了获得金钱上的报酬，而是为了训练和培养更强烈的进取心。

你必须先拥有这种精神，然后才能在你所选择的终身事业中，成为一名杰出的人物。

你能给自己最好的推荐就是以正确的心态提供最优良的服务。别人对你的看法相当重要，只要这些看法和你对自己的期望不谋而合。如果你被认定是一个积极、有重要贡献的人，而且总是做的比要求的更多，你就会备受欢迎。同事们会重视你，顾客会欣赏你，更重要的是，有哪些老板会不喜欢这样的人呢？

优秀人才总是为社会所需要。“适者生存”的法则并不是仅仅建立在残酷的优胜劣汰基础上，而是基于公平正义，是绝对公平原则的一部分。若非如此，美德如何能发扬光大？社会又如何能取得进步？那些思虑不周、懒惰的人与那些思虑缜密、勤奋的人相比有天壤之别，根本无法并驾齐驱。

一位朋友告诉我，他的父亲告诫每个孩子：“无论未来从事何种工作，一定要全力以赴、一丝不苟。能做到这一点，就不会为自己的前途担心。世界上到处是散漫粗心的人，那些善始善终者始终是供不应求的。”

我认识许多雇主，他们多年来费尽心机地寻找能够胜任工作的人。这些雇主所从事的业务并不需要出众的技巧，而是需要谨慎、朝气蓬勃与尽职尽责。他们雇请了一个又一个员工，却因为粗心、懒惰、能力不足、没有做好分内之事而频繁遭到解雇。与此同时，社会上众多失业者却在抱怨现行的法律、社会福利和命运对自己的不公。

许多人无法培养一丝不苟的工作作风，原因在于贪图享受、好逸恶劳，背弃了将本职工作做得完美无缺的原则。不久前，我观察到一位努力恳求终获高薪要职的女性。她才上任短短几天，便开始高谈阔论想去“愉快的旅行”。月底，她便因玩忽职守而遭解雇。

正如两物无法在同一时间占据同一位置一样，被享受占据的头脑是无法专心求取工作的完美表现的。

Doré

自动自发

所谓的主动，指的是随时准备把握机会，展现超乎他人要求的工作表现，以及拥有"为了完成任务，必要时不惜打破成规"的智慧和判断力。

老板不在身边却更加卖力工作的人，将会获得更多奖赏。如果只有在别人注意时才有好的表现，那么你永远无法达到成功的顶峰。最严格的表现标准应该是自己设定的，而不是由别人要求的。如果你对自己的期望比老板对你的期许更高，那么你就无需担心会不会失去工作。同样，如果你能达到自己设定的最高标准,那么升迁晋级也将指日可待。

我们经常会发现，那些被认为一夜成名的人,其实在功成名就之前,早已默默无闻地努力了很长一段时间。成功是一种努力的累积,不论何种行业,想攀上顶峰,通常都需要漫长时间的努力和精心的规划。

如果想登上成功之梯的最高阶,你得永远保持主动率先的精神，纵使面对缺乏挑战或毫无乐趣的工作,最后终能获得回报。当你养成这种自动自发的习惯时,你就有可能成为老板和领导者。那些位高权重的人是因为他们以行动证明了自己勇于承担责任,值得信赖。

自动自发地做事，同时为自己的所作所为承担责任。那些成就大业之人和凡事得过且过的人之间最根本的区别在于,成功者懂得为自己的行为负责。没有人能促使你成功，也没有人能阻挠你达成自己的目标。

和大多数人一样,我在十几岁时和大学期间做过许多工作。我修理过自行车(后来被解雇了),我挨家挨户卖过词典。有一年,我整整一个夏天都在为一个选美比赛收集那些订出去而未收上来的票，那是一些中年人在甜言蜜语的推销者的劝说下订下的，但是他们根本无意去观看。我还做过数学家庭教师、书店收银员、出纳和夏令营童子军顾问，为了读完大学，我还替别人打扫院子，整理房间和船舱。

这些工作大部分都很简单，我一度认为它们都是下贱而廉价的工作。后来，我知道自己错了。这些工作潜移默化地给予我珍贵的教诲和经验，无论在什么样的工作环境中，也不管哪种工作档次，我都学会了不少东西。

拿在商店的工作来说吧，我自认为自己是一个好雇员，做了自己应该做的事——记录顾客的购物款。然而有一天，当我正在和一个同事闲聊时，经理走了进来，他环顾四周，然后示意我跟着他。他一句话也没有说就开始动手整理那些订出去的商品；然后他走到食品区，开始清理柜台，将购物车清空。

我惊讶地看着这一切，仿佛过了很久才醒悟过来。他希望我和他一起做这些事！我之所以惊诧万分，不是因为这是一项新任务，而是它意味着我要一直这样做下去。可是,从前没有人告诉我要做这些事——其实现在也没有说过。

此事使我受益匪浅。它不仅使我成为一名更优秀的雇员,还让我从每一项工作中学到了更多的教益。

这个教益就是我要对自己的工作负责,我要更上一层楼,不仅仅做别人安排做的事情。

一旦获得了这个教益,以前我认为低俗的工作便开始变得有意思起来。我越是专注于自己的工作,学到的东西和克服的困难也就越多。后来我离开那家商店去上大学,但是这种经验对我的人生和事业的影响是深远的。我从一个旁观者变成一个认真负责的人。

今天,我成为一名管理者,但是我依然一如既往地发现那些需要做的事情——哪怕并不是我分内的事。在各种各样的工作中,我都能发现超越他人的机会——不仅让我的雇主与众不同,也让我出人头地。

每一位雇员在每一项工作中都要倾听和相信这一点,你可以使自己的生活好转起来,就从今天开始,就从现在的工作开始,而不必等到遥远的未来的某一天你找到理想的工作再去行动。

所谓的主动，指的是随时准备把握机会，展现超乎他人要求的工作表现，以及拥有“为了完成任务，必要时不惜打破成规”的智慧和判断力。一个优秀的管理者应该努力培养员工的主动性，培养员工的自尊心。自尊心的高低往往影响工作时的表现。那些工作自尊低的员工，墨守成规、避免犯错，凡事只求忠诚公司规则，老板没让做的事，决不会插手；而工作自尊高的员工，则会勇于负责，有独立思考能力，必要时会发挥创意，以完成任务。

轻视公司就是轻视你自己

只要你依然是某一机构的一部分，就不要诽谤它，不要伤害它。轻视自己所就职的机构就等于轻视你自己。

人在遭受挫折与不公正待遇时，往往会采取消极对抗的态度。心怀不满通常引起牢骚，希望获得别人的注意与同情。这虽是一种正常的心理自卫行为，但却是许多老板心中的痛。大多数老板认为，牢骚和抱怨不仅惹事生非，而且会造成组织内彼此猜疑，打击团队士气。

因此，当你牢骚满腹时，不妨看一看老板定律：第一条,老板永远是对的;第二条,当老板不对时,请参照第一条。

我曾遇见一个受过良好教育、才华横溢的年轻人,长期在公司得不到提升。他缺乏独立创业的勇气,也不愿意自我反省,养成了一种嘲弄、吹毛求疵、抱怨和批评的恶习;他根本无法独立自发地做任何事,只有在被迫和监督的情况下才能工作。在他看来,敬业是老板剥削员工的手段,忠诚是管理者愚弄下属的工具。他在精神上与公司格格不入,使他无法真正从那里受益。

我对他的劝告是,有所施才有所获。如果决定继续工作,就应该衷心地给予公司老板同情和忠诚,并引以为豪。如果你无法不中伤、非难和轻视你的老板和公司,就放弃这个职位,从旁观者的角度审视自己的心灵。只要你依然是某一机构的一部分,就不要诽谤它,不要伤害它。轻视自己所就职的机构就等于轻视你自己。

无论谁做任何事情,肯定会受到批评、中伤和误解。从某种意义上说,批评是对那些伟大杰出的人物的一种考验。杰出无须证明,证明自己杰出的最有力证据就是能够容忍谩骂而不去报复他人。林肯做到了,他知道每一个生命都必定有其存在的理由。他让那些轻视他的人意识到:自己种下分歧的种子,必会自食其果。

不久前我遇到一名耶鲁大学的学生。我敢说他根本代表不了真正的耶鲁精神,因为他对学校总是充满了批评和抱怨。哈德利校长当然难脱其咎,有人提供给我一些事实和数据,有时间有地点,足以对他做出严厉的批评。

但是很快我就发现问题并不是出在耶鲁,而是在那个年轻人身上。在精神上他与学校是如此的不和谐,使他无法真正从耶鲁获得教益。耶鲁虽然并不是一所完美的大学(关于这一点哈德利校长和其他耶鲁人也不会否认),但是耶鲁的确能够提供许多优越的学习条件,至于能否充分利用这些便利条件则取决于学生本人。

如果你是一名大学生,应该充分利用好学校的资源,应该衷心地给学校同情和忠诚,并且引以为豪。与老师站在一起——有所施才有所获——他们尽职尽责给学生以教诲。如果说学校还存在着许多不完美的地方，那么每天努力愉快地去学习，就会使它变得更好。

同样地，如果你任职的公司陷入困境，而老板是一个守财奴的话，你最好走到老板面前，自信地、心平气和地对他说："你是太吝啬了。"指出他的方法是不合理的、荒谬的，然后告诉他应该如何改革，你甚至可以自告奋勇去帮助公司清除那些不为人知的弊端。

尝试着这样去做！但如果由于某种原因你无法做到，那么请作出以下选择：坚持还是放弃。你只能两者择其一——现在就开始选择吧！

要知道，当你慢慢松开自己和公司的联系时，一股强风就会随之而来，你会被连根拔起，吹进暴风雨中——你可能自己都不知道什么原因。

每个地方你都能发现许多失业者，与他们交谈时，你会发现他们充满了抱怨、痛苦和诽谤。这就是问题所在——吹毛求疵的性格使他们摇摆不定，也使自己发展的道路越走越封闭。他们与公司格格不入，变得不再有用，只好被迫离开。每个雇主总是不断的在寻找能助他一臂之力的人，当然他也在考察那些不起作用的人，任何成为发展障碍的人都会被拿掉。

如果你对其他雇员说自己的老板是个吝啬鬼，那么表明你也是；如果你对他们说公司的制度不健全，最明显的表现就是你。

那些只顾把时间花在说人长短、毁谤他人的人，是不会成功的。人的时间、精力和金钱都是有限的，你必须谨慎地选择开销的方式。如果你决定以贬抑别人来提高自己，你会发现自己将大部分时间和精力花费在是非上，自己可用就会所剩无几。如果你爱散布恶意伤人的内幕，就会丧失他人对你的信任。有句话说得好："向我们论人是非的，也会向人论我们的是非！"

以老板的心态对待公司

如果你是老板，一定会希望员工能和自己一样，将公司当成自己的事业，更加努力，更加勤奋，更积极主动。因此，当你的老板向你提出这样的要求时，请不要拒绝他。

绝大多数人都必须在一个社会机构中奠基自己的职业生涯。只要你还是某一机构中的一员，就应当抛开任何借口，投入自己的忠诚和责任。一荣俱荣，一损俱损！将身心彻底融入公司，尽职尽责，处处为公司着想，对投资人承担风险的勇气报以钦佩，理解管理者的压力，那么任何一个老板都会视你为公司的支柱。

有人曾说过，一个人应该永远同时从事两件工作：一件是目前所从事的工作；另一件则是真正想做的工作。如果你能将该做的工作做得和想做的工作一样认真，那么你一定会成功，因为你在为未来做准备，你正在学习一些足以超越目前职位，甚至成为老板或老板的老板的技巧。当时机成熟，你已准备就绪了。

当你精通了某一项工作，别陶醉于一时的成就，赶快想一想未来，想一想现在所做的事有没有改进的余地？这些都能使你在未来取得更长足的进步。尽管有些问题属于老板考虑的范畴，但是如果你考虑了，说明你正朝老板的位置迈进。

如果你是老板，你对自己今天所做的工作完全满意吗？别人对你的看法也许并不重要，真正重要的是你对自己的看法。回顾一天的工作，扪心自问一下：“我是否付出了全部精力和智慧？”

如果你是老板，一定会希望员工能和自己一样，将公司当成自己的事业，更加努力，更加勤奋，更积极主动。因此，当你的老板向你提出这样的要求时，请不要拒绝他。

以老板的心态对待公司,你就会成为一个值得信赖的人,一个老板乐于雇用的人,一个可能成为老板得力助手的人。更重要的是,你能心安理得地沉稳入眠,因为你清楚自己已全力以赴,已完成了自己所设定的目标。

一个将企业视为已有并尽职尽责完成工作的人,终将会拥有自己的事业。许多管理制度健全的公司,正在创造机会使员工成为公司的股东。因为人们发现,当员工成为企业所有者时,他们表现得更加忠诚,更具创造力,也会更加努力工作。有一条永远不变的真理:当你像老板一样思考时,你就成为了一名老板。

以老板的心态对待公司,为公司节省花费,公司也会按比例给你报酬。奖励可能不是今天、下星期甚至明年就会兑现,但它一定会来,只不过表现的方式不同而已。当你养成习惯,将公司的资产视为自己的资产一样爱护,你的老板和同事都会看在眼里。美国自由企业体制是建立在这样一种前提之下,即每一个人的收获与劳动是成正比的。

然而在今天这种狂热而高度竞争的经济环境下，你可能感慨自己的付出与受到的肯定和获得的报酬并不成比例。下一次，当你感到工作过度却得不到理想工资、未能获得上司赏识时，记得提醒自己：你是在自己的公司里为自己做事，你的产品就是你自己。

假设你是老板，试想一想你自己是那种你喜欢雇用的员工吗？当你正考虑一项困难的决策，或者你正思考着如何避免一份讨厌的差事时反问自己：如果这是我自己的公司，我会如何处理？当你所采取的行动与你身为员工时所做的完全相同的话，你已经具有处理更重要事物的能力了，那么你很快就会成为老板。

第三章
对待老板：忠诚

如果你是老板，你对自己今天所做的工作完全满意吗？别人对你的看法并不重要，真正重要的是你对自己的看法。回顾一天你的工作，扪心自问一下，我是否付出了全部精力和智慧？

老板和员工并不是对立的

如果你为一个人工作，真诚地、负责地为他干！如果他付给你薪水，让你得以温饱，为他工作——称赞他，感激他，支持他的立场。

在这样一个竞争的时代，谋求个人利益、自我实现是天经地义的。但是，遗憾的是很多人没有意识到个性解放、自我实现与忠诚和敬业并不是对立的，而是相辅相成、缺一不可的。许多年轻人以玩世不恭的姿态对待工作，他们频繁跳槽，觉得自己工作是在出卖劳动力。

他们蔑视敬业精神，嘲讽忠诚，将其视为老板盘剥、愚弄下属的手段。他们认为自己之所以工作,不过是迫于生计的需要。

我曾为了三餐而替人工作,也曾当过老板,我知道这两方面的种种甘苦。贫穷是不好的,贫苦是不值得推介的,但并非所有的老板都是贪婪者、专横者,就像并非所有的人都是善良者一样。

对于老板而言,公司的生存和发展需要职员的敬业和服从;对于员工来说,需要的是丰厚的物质报酬和精神上的成就感。从表面上看起来,彼此之间存在着对立性,但是,在更高的层面,两者又是和谐统一的——公司需要忠诚和有能力的员工,业务才能进行,员工必须依赖公司的业务平台才能发挥自己的聪明才智。

为了自己的利益,每个老板只保留那些最佳的职员——那些自动自发,能够把信带给加西亚的人。

同样,也是为了自己的利益,每个员工都应该意识到自己与公司的利益是一致的,并且全力以赴努力去工作。只有这样才能获得老板的信任,才能在自己独立创业时,保持敬业的习惯。

许多公司在招聘员工时，除了能力以外，个人品行是最重要的评估标准。没有品行的人不能用，也不值得培养，因为他们根本无法将信带给加西亚。因此，我告诫大家：如果你为一个人工作，真诚地、负责地为他干；如果他付给你薪水，让你得以温饱，为他工作——称赞他，感激他，支持他的立场，和他所代表的机构站在一起。

也许你的老板是一个心胸狭隘的人，不能理解你的真诚，不珍惜你的忠心，那么也不要因此产生抵触情绪，将自己与公司和老板对立起来。不要太在意老板对你的评价，他们也是有缺陷的普通人，也可能因为太主观而无法对你做出客观的判断。这个时候你应该学会自我肯定。只要你竭尽所能，做到问心无愧，你的能力一定会提高，你的经验一定会丰富起来，你的心胸就会变得更加开阔。

“老板是靠不住的！”这种说法也许并非没有道理，但是，这并不意味着老板和员工从本质上就是对立的。情感需要依靠理智才能保持稳定。老板和员工关系也只有建立在一种制度上才能和谐和统一。在一个管理制度健全的企业中,所有升迁都是凭借个人努力得来的。

想摧毁一个组织的士气，最好的方式就是制造“只有玩手段才能获得晋升”的工作气氛。管理完善的公司升迁渠道通畅，有实力的人都有公平竞争的机会,只有这样,员工才会觉得自己是公司的主人,才会觉得自己与公司完全是一体的。

因此，员工和老板是否对立，既取决于员工的心态,也取决于老板的做法。聪明的老板会给员工公平的待遇,而员工也会以自己的忠诚来予以回报。

给老板以同情和理解

为什么人们能够轻而易举地原谅一个陌生人的过失，却对自己的老板和上司耿耿于怀呢？

我曾经为他人工作，现在则为自己工作。以前总是认为老板太苛刻，现在却觉得员工太懒惰，太缺乏主动性。其实，什么都没有改变，改变的是看待问题的方式。

成功守则中最伟大的一条定律——待人如己，也就是凡事为他人着想，站在他人的立场上思考。当你是一名雇员时，应该多考虑老板的难处，给老板多一些同情和理解；当自己成为一名老板时，则需要多考虑雇员的利益，多一些支持和鼓励。

这条黄金定律不仅仅是一种道德法则，它还是一种动力，推动整个工作环境的改善。当你试着待人如己，多替老板着想时，你身上就会散发出一种善意，影响和感染包括老板在内的周围的人。这种善意最终会回馈到你自己身上，如果今天你从老板那里得到一份同情和理解，很可能就是以前你在与人相处时遵守这条黄金定律所产生的连锁反应。

为什么人们能够轻而易举地原谅一个陌生人的过失，却对自己的老板和上司耿耿于怀呢？最简单的解释就是，彼此之间有长期的利益冲突。当老板的行为与雇员的利益发生冲突时，所有的同情和理解都会化为乌有。

经营管理一家公司是件复杂的工作，会面临种种烦琐的问题。来自客户、来自公司内部巨大的压力，随时随地都会影响老板的情绪。要知道老板也是普通人，有自己的喜怒哀乐，有自己的缺陷。他之所以成为老板，并不是因为完美，而是因为有某种他人所不具备的天赋和才能。因此，首先我们需要用对待普通人的态度来对待老板，不仅如此，我们更应该同情那些努力去经营一个大企业的人，他们不会因为下班的铃声而放下工作。

许多年轻人将自己不能获得提升的原因归咎于老板的不公平，认为老板任人唯亲、疾贤妒能，不喜欢比自己聪明的雇员，甚至认为老板会阻碍有抱负的人获得成功。事实上，对于大多数老板而言，再也没有什么比缺乏合适的人才更让他苦恼的了，也没有什么比寻找合适的人选更让他焦心的了。

年轻人之所以产生这样的想法，也是以己度人，但是这个“己”是一个自私的、狭隘的，也就是所谓“以小人之心，度君子之腹”。事实上，从每一个员工第一天上班开始，老板就用心对他进行考察。他们会仔细衡量和分析他的能力、品格、习惯、人际关系、性情等等，只有当他认为一个年轻人缺少必要的能力，有一些不良的习惯和言行举止(包括认为老板无知)时，他才会认为这个年轻人没有前途。毕竟公司是自己苦心经营才发展起来的，在大多数情况下，他们不会因为自己的个人偏见而毁了整个事业。

因此，做员工的应该多反思自己的缺陷，给予老板更多的同情和理解，或许能重新赢得老板的欣赏和器重。

也许老板并不是一个领情的人，但我们依然要设身处地为老板着想。因为同情和宽容是一种美德，在一个老板那里没有作用，并不意味着在所有老板那里都没有效果。退一步来说，如果我们能养成这样思考问题的习惯，我们起码能够做到内心宽慰。

满怀感恩之情

人们可以为一个陌路人的点滴帮助而感激不尽，却无视朝夕相处的老板的种种恩惠，将一切视之为理所当然。

许多成功人士在谈到自己成功经历时，往往过分强调个人努力因素。事实上，每个登峰造极的人，都获得过别人的许多帮助。一旦你订出目标并且付诸行动之后，你就会发现自己获得了许多意料之外的支持。

生而为人，要感谢父母的恩惠，感谢国家的恩惠，感谢师长的恩惠，感谢大众的恩惠；没有父母养育，没有师长教诲，没有国家爱护，没有大众助益，我们何能存于天地之间？所以，感恩不但是美德，感恩更是一个人之所以为人的基本条件！

今天的年轻人，自从来到尘世间，都是受父母的呵护，受师长的指导成长的。他们对世界未有一丝贡献，却牢骚满怀，抱怨不已，看这不对，看那不好，视恩义如草芥，只知仰承天地的甘露之恩，不知道回馈，足见其内心的贫乏。

现代中年人，虽有国家的栽培，老板的提携，自己尚未能发挥所长，贡献于社会，却也不满现实，有诸多委屈，好像别人都对他不起，愤愤不平。因此，在家庭里，难以成为善良的家长；在社会上，难以成为称职的员工。

羔羊跪乳，乌鸦反哺，说明动物尚且感恩，何况我们作为万物之灵的人类呢？我们从家庭到学校，从学校到社会，重要的是要有感恩之心。我们教导子弟，从小就要他知道所谓“一粥一饭，当思来处不易；一丝一缕，应知物力维艰”，目的就是要他懂得感恩。

感恩已经成为一种普遍的社会道德。然而，人们可以为一个陌路人点滴帮助而感激不尽，却无视朝夕相处的老板的种种恩惠。将一切视之为理所当然，视之为纯粹的商业交换关系，这是许多公司老板和员工之间关系紧张的原因之一。的确，雇用和被雇用是一种契约关系，但是在这种契约关系背后，难道就没有一点同情和感恩的成分吗？老板和员工之间并非是对立的，从商业的角度，也许是一种合作共赢的关系；从情感的角度，也许有一份亲情和友谊。

你是否曾经想过，写一张字条给上司，告诉他你是多么热爱自己的工作，多么感谢工作中获得的机会？这种深具创意的感谢方式，一定会让他注意到你——甚至可能提拔你。感恩是会传染的，老板也同样会以具体的方式来表达他的谢意，感谢你所提供的服务。

不要忘了感谢你周遭的人——你的老板和同事。因为他们了解你、支持你。大声说出你的感谢，让他们知道你感激他们的信任和帮助。请注意，一定要要说出来，并且要经常说！

而且，这样可以增强公司的凝聚力。

生活中永远都需要感谢。推销员遭到拒绝时，应该感谢顾客耐心听完自己的解说。这样才有下一次惠顾的机会！老板批评你时，应该感谢他给予的种种教诲。感恩不花一分钱，却是一项重大的投资，对于未来极有助益！

真正的感恩应该是真诚的，发自内心的感激，而不是为了某种目的，迎合他人而表现出的虚情假意。与溜须拍马不同，感恩是自然的情感流露，是不求回报的。一些人从内心深处感激自己的老板，但是由于惧怕流言蜚语，而将感激之情隐藏在心中，甚至刻意地疏离老板，以表自己的清白。这种想法是何等幼稚啊！如果我们能从内心深处意识到，正是因为老板费尽心机的工作，公司才有今天的发展，正是因为老板的谆谆教诲，我们才有所进步，心中坦荡，又何必去担心他人的流言蜚语呢？

感恩并不仅仅有利于公司和老板。对于个人来说，感恩是富裕的人生。它是一种深刻的感受，能够增强个人的魅力，开启神奇的力量之门，发掘出无穷的智能。感恩也像其他受人欢迎的特质一样，是一种习惯和态度。

感恩和慈悲是近亲。时常怀有感恩的心情，你会变得更谦和、可敬且高尚。每天都用几分钟时间，为自己能有幸成为公司的一员而感恩，为自己能遇到这样一位老板而感恩。所有的事情都是相对的，不论你遭遇多么恶劣的情况。

“谢谢你”，“我很感激你”，这些话应该经常挂在嘴边。以特别的方式表达你的感谢之意，付出你的时间和心力，为公司为老板更加勤奋地工作，比物质的礼物更可贵。

当你的努力和感恩并没有得到相应的回报，当你准备辞职调换一份工作时，同样也要心怀感激之情。每一份工作、每一个老板都不是尽善尽美的。在辞职前仔细想一想，自己曾经从事过的每一份工作，多少都存在着许多宝贵的经验与资源。失败的沮丧、自我成长的喜悦、严厉的老板、温馨的工作伙伴、值得感谢的客户……这些都是人生中值得学习的经验。如果你每天能带着一颗感恩的心去工作，相信工作时的心情自然是愉快而积极的。

欣赏和赞美自己的老板

要知道，他之所以成为我们的老板，一定有许多我们所不具备的特质，这些特质使他超越了你。

任何人身上都可能拥有你所欣赏的人格特质。玛格丽特·亨格佛曾经说过："美存在于观看者的眼中。"她的看法和我们平常所说的"我们在别人身上看到我们所希望看到的东西"不谋而合。每个人都是相当复杂的综合体，融合了好与坏的感情、情绪和思想。你对他人的想象，往往奠基于自己对他人的期望之中。

如果你相信他人是优秀的，你就会在他身上找到好的人格品质；如果你不这样认为，就无法发现他人身上潜在的优点；如果你本身的心态是积极的，就容易发现他人积极的一面。

当你不断提高自己，别忘了培养欣赏和赞美他人的习惯，认识和发掘他人身上优秀的特质。

看到他人的缺点很容易，但是只有当你能够从他人身上看出优秀的品质，并由衷地欣赏他们的成就时，你才能真正赢得友谊和赞赏。

这个道理同样适用于我们的老板。然而，正由于他是老板，我们并不能十分容易做到这一点。作为公司的管理者，自然会经常对我们的许多做法提出批评，经常会否定我们的许多想法，这些都会影响我们对他做出客观的评价。要知道，他之所以成为我们的老板，一定有许多我们所不具备的特质，这些特质使他超越了你。

人生而就有缺陷，大多数人都有嫉妒之心，无法面对那些比我们优秀的人。这一点正是阻挡大多数人迈向成功的绊脚石。成功学家告诉我们，提升自我的最佳方法就是帮助他人出人头地。当你努力地帮助他人时，人们一定会回报你。如果我们能衷心地欣赏和赞美自己的上司和老板，当他们得到升迁，当公司得到成长时，一定会对你有所回报——是你的善行鼓舞了他们这样做。有许多意想不到的机会都来自于你发自内心对他人的欣赏和赞美，你在他们最需要的时候给予了他们精神上的支持。

也许你的老板并不比你高明，但只要是你的老板，就必须服从他的命令，并且努力去发现那些优越于你的地方，尊敬他、欣赏他、向他学习。如果我们都抱着这样的心态，即使彼此之间有种种隔阂，有许多误解，也会慢慢消解的。

在职时要赞美自己的老板，离职后同样也要说过去老板的好话。一位曾经聘用过数以百计员工的管理者曾向我谈起自己招聘人的心得："面谈时最能体现出一个人思想是否成熟，心胸是否宽大，是他对刚刚离开的那份工作说些什么。前来应征的人，如果只是对我说过去雇主的坏话，对他恶意中伤，这种人我是无论如何也不会考虑的。"

"也许一些人确是因为无法忍受老板的压迫而离职的，"他继续说，"但是聪明的做法应该是，不要去谈论那些不愉快的旧事，更不要因自己所遭受的不公正待遇耿耿于怀。”

许多求职者以为指责原来的公司和老板能够提高自己的身价，于是信口开河，说三道四，这种做法看似聪明，实则愚蠢，其中道理不难理解。

所有公司都希望员工保持忠诚，每个老板都希望能吸引那些对公司忠诚不二的员工，而将那些过河拆桥的人拒之门外。如果今天为了谋取一份工作，而将原来的雇主说得一无是处，谁能保证明天不会将现在的公司批驳得体无完肤呢？

对以前就职的公司和老板做一些无伤大雅的评价未尝不可，但如果这种评价带有明显的个人色彩，就可能变成一种不负责任的人身攻击，就会引起现在老板的反感。此外，许多公司和机构在招聘一些重要职位时，通常会通过各种手段、渠道来了解应聘者在原公司的表现。世上没有不透风的墙，当你的攻击传回原单位后，别人对你的评价就可想而知了。

这种“说以前老板好话”的原则，也适用于生活的其他方面。我认识一位朋友，打算与一位离婚妇女结婚，一切都已经安排就绪，忽然间，所有的计划都改变了。为什么呢？朋友这样解释道："她总是一再谈论前夫的各种丑事——如何胡说八道，如何对她不公平，如何好吃懒做、不务正业等等，真把我吓坏了。我想，应该没有一个如此坏的人吧。如果我和她结婚了，不就也成了他批评的对象了吗？想来想去，于是决定取消婚事。"

我认识一位年过四十的人，在最近的一次公司改组中失去工作。被解聘之后，他逢人就诉说自己所遭受的不公平的待遇，他会告诉你整个公司上下一切都依靠他，而最后自己却被人恶毒地扳倒了。

他诉苦时的表现使我越来越相信，他被解聘是咎由自取。他是一个十足的专讲"过去时态语句"的人，而且只会说些不幸、恐怖、消极的事。如今，他依然还在失业中，如果这一点没有彻底的改观，对他而言，失业的岁月会相当漫长。

抱怨与事无补

如果你不知道自己要什么，就别抱怨老板不给你机会。那些喜欢大声抱怨自己缺乏机会的人，往往是在为自己的失败找借口。

也许贫困的生活像枷锁一样困扰着你，没有亲朋好友，无依无靠地生活在异国他乡。你急切地希望减轻自己身上沉重的负担。但是，你仿佛陷入黑暗的深渊之中，负担是如此沉重。

于是，你不停地抱怨，感叹命运对自己的不公，抱怨自己的父母、自己的老板，抱怨上苍为何如此不公，让你遭受贫困，却赐予他人富足和安逸。

停止你的抱怨吧,让烦躁的心情平静下来。你所埋怨的并不是导致你贫困的原因,根本原因就在你自身。你抱怨的行为本身,正说明你倒霉的处境是咎由自取。喜欢抱怨的人在世上是没有立足之地的,烦恼忧愁更是心灵的杀手。缺少良好的心态,如同收紧了身上锁链,将自己紧紧束缚在黑暗之中。

没有人会因为坏脾气和消极负面的心态而获得奖励和提升。仔细观察任何一个管理健全的机构,你会发现,最成功的人往往是那些积极进取、乐于助人,能适时给他人鼓励和赞美的人。身居高位之人,往往会鼓励他人像自己一样快乐和热情。但是,依然有些人无法体会这种用意,将诉苦和抱怨视为理所当然。

一句古老的格言是这样的:“如果说不出别人的好话,不如什么都别说。”这句格言在现代社会更显珍贵——几乎所有机构,无论大小,吹毛求疵、流言蜚语和抱怨永不止息。

“好话不出门,坏话传千里”,在我们面前说人是非的人,也一定会在他人面前非议我们。一来一往容易滋生是非,影响公司的凝聚力。与其抱怨对公司和老板的不满，不如努力地欣赏彼此之间的可取之处，这样一来，你会发现自己的处境大有改善。

如果你不知道自己要什么，就别抱怨老板不给你机会。那些喜欢大声抱怨自己缺乏机会的人，往往是在为自己的失败找借口。成功者不善于也不需要编制借口，因为他们能为自己的行为和目标负责，也能享受自己努力的成果。

人往往是在克服困难过程中产生勇气、培养坚毅和高尚的品格的。常常抱怨的人，终其一生都不会有真正的成就。

或许你正住在一间简陋的破屋里，心中梦想着宽大而明亮的殿堂，那么，你首先应该做的是努力将这间小屋变成一个干净整洁的天堂，将你的精神充满这间小屋。

不妨想一想，你喜欢哪一种工作伙伴呢？是那些总在抱怨的人？还是那些乐于助人、有活力、值得信赖的人呢？

请记住，抱怨是无济于事的，只有通过努力才能改善处境。

一盎司忠诚相当于一磅智慧

缺乏忠诚度，频繁地跳槽，直接受到损害的是企业，但从更深层次的角度，对员工的伤害更深，无论是个人资源的积累，还是所养成的“这山望着那山高”的习惯，都使员工价值有所降低。

如果说，智慧和勤奋像金子一样珍贵的话，那么还有一种东西更为珍贵，那就是忠诚。忠诚公司，从某种意义上讲，就是忠诚自己的事业，就是以不同的方式为一种事业做出贡献。忠诚体现在工作主动、责任心强、细致周到地体察老板和上司的意图。忠诚还有一个最重要的特征，就是不以此作为寻求回报的筹码。

下级对上级的忠诚可以增强老板的成就感和自信心，可以增强集体的竞争力，使公司更兴旺发达。因此，许多老板在用人时，既要考察其能力，更看重个人品质，而品质最关键的就是忠诚度。一个忠诚的人十分难得，一个既忠诚又有能力的人更是难求。忠诚的人无论能力大小，老板都会给予重用，这样的人走到哪里都有条条大路向他们敞开。相反，能力再强，如果缺乏忠诚，也往往会被人拒之门外。毕竟在人生事业中，需要用智慧来做出决策的大事很少，而需要用行动来落实的小事甚多。少数人需要智慧加勤奋，而多数人却要靠忠诚和勤奋。

在当今社会，忠诚已经变得越来越稀缺了。许多公司花费了大量资源对员工进行培训，然而当他们积累了一定的工作经验后，往往一走了之，有些甚至不辞而别。那些留在公司的员工则整天抱怨公司和老板无法提供良好的工作环境，将所有责任全部归咎于老板。但是，我们却发现，在管理机制良好的公司，跳槽现象也频繁发生，员工同样也不安分。因此，不得不使我们将视线转移到员工本身的心态上来。结果发现，大多数情况下，跳槽并非公司和老板的责任，更多在于员工对于自身目标以及现状缺乏正确的认识。他们过高估计了自身的实力，以及对那些向他们频频挥手的公司抱有过高的期望。

当这种风气蔓延到整个商业领域时，许多具有一定忠诚度的员工也会受到传染而投入跳槽大军中，使整个职业环境继续恶化。

缺乏忠诚度，频繁地跳槽，直接受到损害的是企业，但从更深层次的角度，对员工的伤害更深，无论是个人资源的积累，还是所养成的“这山望着那山高”的习惯，都使员工价值有所降低。这些人对自己的内心需求没有认真地反思，对自己奋斗的目标没有清晰的认识，自然无法选择自己的发展方向。

人一生恐怕要走几条路，才能达到自己想要达到的目标。从职业的角度，难免要调换几种工作。但是这种转换必须依托于整体的人生规划。盲目跳槽，虽然在新公司收入能有所增加，但是，一旦养成了这种习惯，跳槽就不再是目的，而成为一种惯性了。

著名银行家克拉斯年轻时也不断在变动工作，但是他始终抱有一种理想——想管理一家大银行。他曾经做过交易所的职员、木料公司的统计员、簿记员、收账员、折扣计算员、簿记主任、出纳员、收银员等，试了一样又一样，最后才接近自己的目标。

他说："一个人可以通过几条不同路径达到自己的目的地。如果能在一个机构里学到自己所需的一切学识和经验当然很好，但大多数情况下需要经常变化自己的工作环境。面对这种情况，我认为他必须懂得自己想做什么，为什么要这样做。"

"如果我换工作仅仅是为了每周多赚几块钱，恐怕我的将来早为现在而牺牲了……我之所以换工作，完全是因为现在的公司和老板无法再给我带来更多的教益了。"

"此处不留爷，自有留爷处。"人们在跳槽时如此潇洒，但是真正面对工作时又是如此无奈。一个频繁转换工作的人，在经历了多次跳槽后，发现自己不知不觉中形成了一种习惯：工作中遇到困难想跳槽；人际关系紧张也想跳槽；看见好工作（无非是多挣几个钱）想跳槽；有时甚至莫名其妙就是想跳槽，总觉得下一个工作才是最好的，似乎一切问题都可以用转移阵地来解决。这种感觉使人常常产生跳槽的冲动，甚至完全不负责任地一走了之。

久而久之，自己不再勇于面对现实，积极主动克服困难了，而是在一些冠冕堂皇的理由下回避、退缩。这些理由无非是不符合自己的兴趣爱好啦，老板不重视啦，命运不济啦，怀才不遇啦，别人不理解啦等等，幻想着跳一个新的单位后所有问题都迎刃而解了。

现在的年轻人丧失了成就事业最宝贵的忠诚和敬业精神，变得心浮气躁，凡事浅尝辄止，遇难而退，这山望着那山高，空有远大理想，无心执着追求。此可谓个人之悲，国家之悲，社会之悲！

如果你是忠诚的，你就会成功

忠诚并不是从一而忠，而是一种职业的责任感。不是对某个公司或者某个人的忠诚，而是一种职业的忠诚，是承担某一责任或者从事某一职业所表现出来的敬业精神。

一位成功学家说："如果你是忠诚的，你就会成功。"忠诚是一种美德，一个对公司忠诚的人，实际上纯粹不是忠于一个企业，而是忠于人类的幸福。

健全的品格使你不会为自己的声誉担忧。正如托马斯·杰斐逊所说：成功之人就是敢做敢当的人。如果你由衷相信自己的品格，确定自己是个诚实可信、和善、谨慎的人，内心就会产生出非凡的勇气，而无惧他人对你的看法。

忠诚是一种特质，能带来自我满足、自我尊重，是一天24小时都伴随我们的精神力量。

人既可以充分控制和掌握无形的自我，引导我们获得荣誉、名声及财富，也可能将我们放逐到失败的悲惨境地。

忠诚和努力是融为一体的。忠诚是生命的润滑剂，忠诚的人没有苦恼，也不会因情绪的波动而困惑。他坚守着生命的航船，即使船就要沉没，也会像英雄一样，在歌声中随着桅杆顶上的旗帜一起沉没。

忠诚是人类最重要的美德之一。忠实于自己的公司，忠实于自己的老板，与同事们同舟共济、共赴艰难，将获得一种集体的力量，人生就会变得更加饱满，事业就会变得更有成就感，工作就会成为一种人生享受。相反，那些表里不一、言而无信之人，整天陷入尔虞我诈的复杂的人际关系中。在上下级之间、同事之间玩弄各种权术和阴谋，即使一时得以提升，取得一点成就，但终究不是一种理想的人生和令人愉悦的事业，最终受到损害的还是自己。

对于经营者来说，普通员工需要有责任心，中层员工不但要有责任心还要有上进心，而对于高层人士来说，最重要的是对公司价值观的认同，要有和公司一同发展的事业心，因此，越往高处走，对忠诚度的需求就越高；相应的，你的忠诚度越高，就越有可能获得提升。忠诚不是凭口说的，需要经受考验。你忠于公司吗？忠于老板吗？如何能证明你是忠诚的呢？所谓患难见真情，忠诚也是如此。企业面临危机之际，正是检验员工忠诚度之时。但是，毕竟一个企业不可能总处在危机中，发展时期又如何来考验员工的忠诚度呢？于是，老板们就会想出一些办法来制造危机，来“折腾”员工。

查理到某大公司应聘部门经理，老板提出要有一个考察期。但没想到上班后被安排到基层商店去站柜台，做销售代表的工作。一开始查理无法接受，但还是耐着性子坚持了三个月。后来，他认识到，自己对这个行业不熟悉，对这个公司也不十分了解，的确需要从基层工作做起，才可能全面了解公司，熟悉业务，何况自己拿的还是部门经理的工资呢。

虽然实际情况与自己最初的预期有很大的差距，但是查理懂得这是老板对自己的一种考验。他坚持下来了，三个月以后他全面承担部门的职责，并且充分利用三个月最基层的工作经验，带领团队取得了良好的业绩。半年后，公司经理调走了，他得以提升；一年以后，公司总裁另有任命，他被提升为总裁。在谈起往事时，他颇有感慨地说："当时忍辱负重地工作，心中有很多怨言。但是我知道老板是在考验我的忠诚度，于是坚持了下来，最终赢得了老板的信任。"

一切商业经营活动，老板承担的风险是最大的。企业破产了，老板可能要跳楼，员工则可以转换门庭。因此，许多老板常常反复折腾员工的忠诚度，为公司出现危机时做好充分准备。因为他相信忠诚是考验出来的，不是嘴上说的。所谓"天将降大任于斯人也，必先苦其心志，劳其筋骨……"，你的老板不断折腾你，也许正是器重你的信号，他正在考验你的忠诚度，以便为其重用。

无论是发自内心的施与，还是接受"老板"的折腾,忠诚都是一种情感和行为的付出。当你开始付出时,你将很快会得到收获。有一则古老的传说,讲述一位口渴难耐的旅行者来到沙漠中的一口井前。井壁上贴有一张便条,向路人说明附近埋了一个水瓮,可以用来引水。便条上写着:收受之前先付出。于是,摆在旅行者面前的有两种选择:喝掉瓮里的水,还是用少量储存的水汲引更多冰凉而纯净之水。

收受之前先给予,你不能期望先获得丰厚的报酬,然后才决定是否给予回报。正如牧师法兰克·格兰先生曾经说过的:“如果你忠实于他人,有可能会受到欺骗,但是如果你忠诚不足,就会活得十分痛苦。”

人世复杂,瞬息万变,思想深植于心灵,每个人对于人生的理解千差万别。人们常常会认为,坦诚之人穷困潦倒,虚伪之人却功成名就。这实际上是一种错误的见解,往往是只看到事物的表象。不诚实的人可能具有他人所没有的美德,诚实的人也可能有别人所没有的陋习。诚实的人因为美德而有丰富的回报,同时也必须接受陋习给自己带来的惩罚,不诚实的人同样也承受着自己的痛苦与快乐。

人们往往因为虚荣心，就自以为是地认为自己是因美德而遭受苦难。一个人只有摈弃思想的杂念，荡涤心灵的污点，才会真正认识到自己遭受的苦难实际上是上苍对美德的考验，而非恶行的报应。

请记住：每次当你为他人加倍付出一分，他就因此而对你承担一份义务。当你真诚对待你的老板，相信他也会真诚对待你。

忠诚并不是从一而忠，而是一种职业的责任感。不是对某个公司或者某个人的忠诚，而是一种职业的忠诚，是承担某一责任或者从事某一职业所表现出来的敬业精神。

一个人可能会频繁跳槽，但身在其位一定谋其事，表达出对所从事的职业高度的责任感。也许正是这种态度，使他们常常保持相对的稳定性。

做一个诚实守信的人

也许你无法让所有的人都喜欢你，但是至少可以让大多数人都信赖你。诚实的人日久天长会逐渐形成宽容博大的胸怀，周围充满微笑和友爱；心思纯洁的人会渐渐养成自律的习惯，周围充满宁静和平的氛围。

经常回顾一下自己的所作所为，是否能为自己的诚实而自豪？如果不能，应该好好反思一下，想一想，为什么会做出一些不诚实的行为和举动？这么做值得吗？如果当时坦诚以待，事情的结果会不会更好？能从错误中学习，并说服自己成为一个诚实可信之人，是可造之材。

人无信不立，良好的信誉能给自己的生活和事业带来意想不到的好处。诚实、守信是形成强大亲和力的基础——诚实守信会使人产生与你交往的愿望，在某种程度上，会消除不利因素带来的障碍，使困境变为坦途。

以诚相待是人际交往中最重要的砝码，大多数矛盾都能用诚信的办法解决。只要真诚待人，就能赢得良好的声誉，获得他人信任，将潜在的矛盾化解在无形之中。

要求报酬的诚实，算不上是诚实。诚实是没有等级、不分程度的，诚实就是绝对的诚实。不论诚实与否，诚实都不是为交换报酬而来的，诚实本身就是奖励，它是人类行为最具有成效的一种。诚实的人从不担心向谁撒了什么谎，无需忧虑会被揭穿，所以，他们可以集中心力，做一些更有意义的事情。

撒个小谎原本是毫无恶意的，但久而久之会成为一种习惯，成为理所当然。小谎言需要大谎言来掩饰，然后，谎言就会越扯越大。永远都别尝试说谎，也别窃占任何不属自己的东西，只有这样你才能高枕无忧。

人们都喜欢和诚实的人交往共事。也许你无法让所有的人都喜欢你，但是至少可以让大多数人都信赖你。诚实的人日久天长会逐渐形成宽容博大的胸怀，周围充满微笑和友爱；心思纯洁的人会渐渐养成自律的习惯，周围充满宁静和平的氛围。

那些讨厌正直诚实的人，机会同样也讨厌他们。

从事社会工作总有发表意见的时候，你可能暂时伪装自己，表现出一副诚实的面孔，但是人们最终还是以你的所作所为，而非你的言辞来判断你。如果你一向说的比做的多，请即刻立下誓言，改变自己的行为吧！

这是一个真实的故事，发生在一名年轻人身上。他是我的一位客户，前来咨询的时候，他总是抱怨自己不受重视，抱怨公司过于守旧，薪资调整和升迁都论资排辈，年轻有作为的人没有用武之地——他内心深处有一种强烈的挫折感。在我认识他之时，他正决定离开这家公司。于是，我给他讲了加西亚的故事，他认真听完并且陷入了沉思。

“我懂了！我之所以不被老板欣赏，并非我没有才华，也不是我不善于沟通，而是缺乏那种值得信任的品质。因为老板并不认为我可以独立将信送给加西亚。”

他开始反思自己的问题，这表现在许多方面，包括喜欢自我表现，出口过于随意，逞口舌之能；做事毛糙有始无终……于是，他针对这些问题进行了调整，工作态度大大改观了。

伊莉莎白是一家大型公司的资深人事主管，在谈到员工录用与晋升方面的尺度时，她说：“我不知道别的公司在录用及晋升方面的标准是什么，我只能说，我们公司很注重应征者对金钱的态度。一旦你在金钱上有了不良的记录，我们公司就不会雇用你。很多公司也跟我们一样，很注重一个人的品行，并且以此作为晋升任用的标准。如果品行有污点，即使应聘者工作经验丰富、条件优越，我们也不会聘用的。这样做的理由有四点：第一，我们认为一个人除了对家庭要有责任感外，对雇主守信是最重要的。你在金钱上毁约背信,就表示你在人格上有所缺陷。但是,今天很多美国年轻人却不以为然。他们认为‘银行的钱那么多,即使我不偿还债务也无所谓’,或者‘每家商店都有上百万的资金,我不付款它也倒不了’。但是买东西必须付钱,欠债必须还钱这是天经地义的事。在金钱上不守信用,简直与偷窃无异。第二,如果一个人在金钱上不守诺言,他对任何事都不会守信用。第三,一个没有诚意信守诺言的人,他在工作岗位上必定也会玩忽职守。第四,一个连本身的财务问题都无法解决的人,我们是不会任用的。因为频繁的财务困难容易导致一个人去偷窃和挪用公款。在金钱方面有不良记录的人,犯罪率是普通人的十倍。当我们支出金钱时,要诚实守信,这一点也同样适用于我们为人处事。”

伊莉莎白的用人标准说明了这样一个问题:诚实是衡量人品行的一把尺子。这把尺子,无论古今中外,适用于所有人。诚实守信不仅是一个人品行的证明,同时,它还使人树立起对家庭、对社会的强烈责任感。

世界上任何工作都没有贵贱、简单和复杂之分。

那些有能力并且积极肯干的年轻人都能够欣然接受任何工作，每天都向世人证明自己是值得信赖的，自己是具有价值的。这样的年轻人，迟早会得到提升。

第四章

对待自己：自信

这个世界为那些具有真正的使命感和自信心的人大开绿灯。无论出现什么困难，无论前途看起来是多么的暗淡，他们总是相信能够把心目中的理想图景变成现实。

你是自己最大的敌人

人类是自然造化的产物，并非依靠权谋投机取巧成长。如同万物因果循环一样，思想同样包含种因得果的规则。

除了自己，没有任何人可以使你沮丧消沉。

你是否曾经觉得自己就是自己最大的敌人？许多人都有这样的经验，不论做什么事，结果往往不能如愿。出了问题，也只好责怪自己。但是，正如你是自己最大的敌人一样，你也可能成为自己最好的朋友。当你了解到世间唯一能左右你成败的人就是你自己时，那么，你就能“化敌为友”，做自己最好的朋友。

当你具备了某种品德，能接纳自己，心灵变得成熟起来，你就会欣喜地发现你已经成为自己最好的朋友了。确定一个长远的目标，并着手培养自己的能力，修正自己的错误。当你开始行动时，你就会了解到真正支持你迈向成功之路的人，正是你自己。

有句名言这样说："一个人的思想决定他的为人。"此语概括了人生的全部内容，道尽人间百态。人内心的想法可以通过其行为不折不扣地反映出来，所有思想都汇集在一起，便形成了其独特而丰富的人格。

如同没有种子的发芽就没有禾苗的茁壮成长一样，人们外在的言行举止都是由内心隐藏的思想种子萌芽而来——无论是自然行为，还是人类刻意为之，这一点都毫无例外。

如果说行为是思想绽放的花朵，那么快乐与痛苦就可以被看作是思想结下的果实。因此，收获快乐还是痛苦，全部取决于自己的思想。思想造就出个性，一念之间往往决定一生的命运。如果人心包藏歪念，痛苦就会接踵而至，犹如车轮一样辗过；如果心诚意正，快乐便如影相随，永远陪伴左右。

人类是自然造化的产物，并非依靠权谋投机取巧成长。如同万物因果循环一样，思想同样包含种因得果的道理。

高尚人格的形成不是凭借个人的爱好和机遇，而是纯正思想的自然结果，是长期心存正念的报偿。同样的道理，卑鄙蛮横的人格可以说是心怀不轨长久积累的后果。

有一个潦倒落魄的人，非常想使自己糟糕的处境有所改变，然而在工作上却偷奸耍滑，应付了事。他认为自己的薪金太少，在工作上偷懒是应该的。这样的人并不懂得改变处境的方法，他懒惰、自欺欺人的想法，不仅无法摆脱贫穷，而且还会使自己深陷于更加困苦之中。

这个事实说明这样的道理：自身是造成所处环境的原因（虽然人们平时并没有意识到）。一些人一方面展望美好的人生目标，另一方面却不断抱怨自身的处境，将所有原因全部归咎于他人，因此失败的例子比比皆是。人只有真正懂得思想的巨大作用，环境就不会成为失败的借口了。

对工作的态度一旦改变,工作的处境也会随之改变。增强信念,丰富自己的知识,让自己置身于更富有挑战性的环境中,就能获得更多的机会。一定要记住,什么事都要努力去做。千万不要以为可以脚踩两条船,将所有的便宜占尽,因为这样做即使取得了成功,也必定是短暂的,很快就会失去。

如同学生必须先掌握一门功课,才能接着学习下一门课程一样,在拥有你梦寐以求的丰硕成果之前,你需要先充分发挥你的能力。因为如果滥用、忽略或低估我们的能力,即使我们天赋的能力再强,也会慢慢减弱,因为我们的所作所为不配拥有这样的能力。

做自己思想的主宰

思想既可以作为武器，摧毁自己，也能作为利器，开创一片无限快乐、坚定与平和的新天地。

凯斯特是一名普通修理工，生活虽然勉强过得去，但离自己的理想还差得很远。有一次，他听说底特律一家维修公司招工，决定前去试一试，希望能够换一份待遇较高的工作。他星期日下午到达底特律，面试时间定在星期一。

吃过晚饭，他独自坐在旅馆房间中，不知为什么，他想了很多，把自己经历过的事情都在脑海中回忆了一遍。突然间他感到一种莫名的烦恼：自己并非一个智力低下的人，为什么至今依然一事无成，毫无出息呢？

他取出纸笔，写下四位自己认识多年、薪水比自己高、工作比自己好的朋友的名字。其中两位曾是他的邻居，已经搬到高级住宅区去了，另外两位是他以前的老板。他扪心自问：和这四个人相比，除了工作比他们差以外，自己还有什么地方不如他们？聪明才智？凭良心说，他们实在不比自己高明多少。

经过很长时间的思考和反思，他悟出了问题的症结——自我性格情绪的缺陷。在这一方面，他不得不承认自己比他们差了一大截。

虽然是深夜3点钟，但他的头脑却出奇的清醒。觉得自己第一次看清了自己，发现了自己过去很多时候不能控制自己的情绪，爱冲动，自卑，不能平等地与人交往等等。

整个晚上，他都坐在那儿自我检讨。他发现自从懂事以来，自己就是一个极不自信、妄自菲薄、不思进取、得过且过的人；他总是认为自己无法成功，也从不认为能够改变自己的性格缺陷。

于是，他痛下决心，自此而后，决不再有自己不如别人的想法，决不再自贬身价，一定要完善自己的情绪性格，弥补自己的不足。

第二天早晨，他满怀自信前去面试，顺利地被录用了。在他看来，之所以能得到那份工作，与前一晚的沉思和醒悟让自己多了份自信不无关系。

在走马上任的两年内，凯斯特逐渐建立起了好名声，人人都认为他是一个乐观、机智、主动、热情的人。随之而来的经济不景气，使得个人的情绪因素受到了考验。而这时，凯斯特已是同行业中少数可以做到生意的人之一了。公司进行调整时，分给了凯斯特可观的股份，并且加了他的薪水。

从凯斯特身上，我们可以看到，并非所有的成功都来自于你的思想，更重要的是发现自己的不足，完善自己的性格情绪。只有这样，才能在事业中不断前进，实现自己的梦想。

一个人成功与否掌握在自己手中。思想既可以作为武器，摧毁自己，也能作为利器，开创一片无限快乐、坚定与平和的新天地。

人只要选择正确的思想并且坚持不懈，就能达到完美的境地；如果满脑子邪思歪念，则只能沦为禽兽之辈。在这两极中间，存在着各种各样个性的人，每个人都是自己人格的创造者与生命的主宰。

作为思想的主人，人们拥有力量、才智与爱，掌握一把能够应对任何处境的钥匙。人拥有了这把钥匙，自身就有了一种能蜕变和再生的装置，并借此实现人们的愿望。

即使处于一种十分悲惨的境遇，人们仍然能够主宰自己——即便在这种情况下，他是一个不能正确支配自己的愚蠢主宰。如果他能开始反思自己所处的境况，并努力地寻找种种人生处世道理的话，就能脱胎换骨，成为能够巧妙引导能力与思想直至获得成功的智者。

人只有察觉到其内在的思想规则，才能成为如此“明智”的主宰，而这需要专注、自我分析与经验的功夫。

许多人会主动改善自己所处的环境，却没想到要完善自我，于是他们的环境仍然没有改变。那些勇于接受命运考验的人，总是实现自己心中的目标，这个道理放之四海皆准。即使人生唯一的目标就是获取财富，也必须付出很多，那么试想想，成功的人生又要准备做出多大的牺牲呢？

不要成为心理上的奴隶

真正压榨和奴役他的不是老板和上司，而是他自己。这些人整天抱怨，说自己像一个奴隶一样被人役使，他的内心就渐渐产生了这种低人一等的心态，真正变成了一个奴隶。

许多人认为自己在公司里受到老板和上司的压榨和奴役，事实上并非如此，真正压榨和奴役他的不是老板和上司，而是他自己。这些人整天抱怨，说自己像一个奴隶一样被人役使，他的内心就渐渐产生了这种低人一等的心态，真正变成了一个奴隶。

应该培养高贵的人品，这样就能使自己超越奴隶的层次。在抱怨自己是他人的奴隶之前，先看看你是否是自己的奴隶。

反省自我，敢于正视自己的心灵，不要对自己放宽要求。你一定会发现，你的心里隐藏着很多猥琐的思想和欲望，和不加思考就顺从的习惯或者行为，这些东西在你平时的行为中比比皆是。

改正这些缺点，不要再做自己的奴隶，这样就没有人能奴役你了。一旦战胜自我，你便能克服所有的逆境，困难也就迎刃而解了。

不要抱怨被富人所压迫。如果你也成为富人，能肯定不压迫别人吗？不要忘了永恒的法则是公平的，今天压迫别人的，日后一定会遭受压迫，绝对不会有例外的。假如你过去曾经富有，而且曾经压迫过别人，按照这条伟大的法则，现在你困苦的处境就是在遭受报应。让永恒的正义、永恒的善良留存心中。

努力摆脱自私与狭隘的思想，去追求无私和永恒的境界。摆脱自己是受害者的错觉，试着去深入了解自己的内心，你就会进一步认识到，伤害自己的其实就是你自己。

不久前，我应邀前往一家大公司参加年会，并在会上发表演说。会中有一位老人当场宣布退休，公司董事长首先站起来做一次例行讲话，说一些哈利先生对我们公司多么有价值、有贡献，以及现在他要退休，我们对他多么怀念的话。

庆祝大会结束后，哈利先生好像被人遗忘了一样，他用手背轻轻地触了我一下，对我说："你是否能给我 30 分钟的时间，我有话要对你说，顺便发泄一下我心中的郁气。"

我无法拒绝这样的请求，于是带着他来到自己下榻的旅馆套房，点了一些饮料和三明治。

"在公司呆了那么多年，可谓是劳苦功高，今天晚上光荣退休，真是一个值得纪念的日子。"我打开话题，然而哈利先生却说道："今天我并不快乐，我真是不知道该怎么说才好，这是我一生中最悲伤的夜晚。"

"为什么？"我问道。我想要使他认为我很吃惊，其实我心中并不吃惊。

"今晚我只是坐在那里面对我惨痛的一生而已。

我感到自己一事无成，彻底失败了。”

“你准备做些什么？”我问道，“你现在才65岁而已。”

“还能做什么，我将要搬到老人村里去了，住在那里直到老死为止，我有一笔不少的退休金以及社会保险金，这些钱足够我养老了。”他很痛苦地说，“我希望这样的日子很快就来临。”

我们陷入了沉默，然后他从口袋中取出今晚才拿到的退休纪念表，说道：“我想把这件礼物丢掉，我不希望留下这些痛苦的记忆。”

渐渐地，哈利先生已经放松下来，他继续说道：“今天晚上，当乔治先生（该公司的董事长）站起来致辞时，你可能无法想象我当时多么悲伤。乔治先生和我一起进入公司，但是他很上进，节节攀升，我却不然。我在公司领到的薪水最高不过7250美元，而乔治先生却是我的10倍，还不包括种种红利以及其他福利在内。每当我想起这件事，我总是认为乔治先生并没有比我聪明多少，他只是不怕吃苦，经得起磨练，能完全投入工作，而我没有做到这一点。”

"公司内外有很多机会,我都可能获得晋升的,例如我在公司呆了5年后,有一次公司要我到南方去掌管分公司,但是我自己因为感到无能为力而拒绝了,每次当这种绝好的机会到来时,我总是找一些借口来推托。现在,我退休了,一切都已经过去了,我什么也没有得到,真是往事不堪回首啊。"

在哈利的一生中,他一直游移不定,没有任何实际目标可言。他惧怕真正地面对生活,害怕挺身而出,承担责任,活着只是虚度年华。

哈利先生像无数人一样,把自己判入终身的心理奴隶的牢笼之中。这种奴隶并不限于某一种类型的工作:在办公室中,在商店里,在农场上,以及每一个地方,我们都发现有这种奴隶存在。

这些现代的奴隶都是他们自己选择的,而不是被其他人强迫去当的。他们之所以会选择当奴隶,是因为他们不知道如何获得解脱,获得自由。

热忱是工作的灵魂

这个世界为那些具有真正的使命感和自信心的人大开绿灯，无论出现什么困难，他们总是相信能够把心目中的理想图景变成现实。

我欣赏满腔热情工作的人。热忱可以借由分享来复制，而不影响原有的程度，它是一项分给别人之后反而会增加的资产。你付出的越多，得到的也会越多。生命中最巨大的奖励并不是来自财富的积累，而是由热忱带来的精神上的满足。

当你兴致勃勃地工作，并努力使自己的老板和顾客满意时，你所获得的利益就会增加。

在你的言行中加入热忱，热忱是一种神奇的要素，吸引具有影响力的人，同时也是成功的基石。

诚实、能干、友善、忠于职守、淳朴——所有这些特征，对准备在事业上有所作为的年轻人来说，都是不可缺少的，但是更不可或缺的是热忱——将奋斗、拼搏看作是人生的快乐和荣耀。

发明家、艺术家、音乐家、诗人、作家、英雄、人类文明的先行者、大企业的创造者——无论他们属于什么种族、来自什么地区，无论在什么时代——那些引导着人类从野蛮社会走向文明的人们，无不是充满热忱的人。

如果你不能使自己的全部身心都投入到工作中去，你无论做什么工作，都可能沦为平庸之辈。你无法在人类历史上留下任何印记；做事马马虎虎，只有在平平淡淡中了却此生。如果是这样，你的人生结局将和千百万的平庸之辈一样。

热忱是工作的灵魂，甚至就是生活本身。年轻人如果不能从每天的工作中找到乐趣，仅仅是因为要生存才不得不从事工作，仅仅是为了生存才不得不完成职责，这样的人注定是要失败的。

当年轻人以这种状态来工作时，他们一定犯了某种错误，或者错误地选择了人生的奋斗目标，使他们在天性所不适合的职业上艰难跋涉，白白地浪费着精力。他们需要某种内在力量的觉醒，应当被告知，这个世界需要他们做最好的工作。我们应当根据自己的兴趣把各自的才智发挥出来，根据各人的能力，使它增至原来的10倍、20倍、100倍。

从来没有什么时候像今天这样，给满腔热情的年轻人提供了如此多的机会！这是一个年轻人的时代，世界让年轻人成为真与美的阐释者。大自然的秘密，就要由那些准备把生命奉献给工作的人、那些热情洋溢地生活的人来揭开。各种新兴的事物，等待着那些热忱而且有耐心的人去开发。各行各业，人类活动的每一个领域，都在呼唤着满怀热忱的工作者。

热忱是战胜所有困难的强大力量，它使你保持清醒，使全身所有的神经都处于兴奋状态，去进行你内心渴望的事；它不能容忍任何有碍于实现既定目标的干扰。

著名音乐家亨德尔年幼时，家人不准他去碰乐器，不让他去上学，哪怕是学习一个音符。但这一切又有什么用呢？他在半夜里悄悄地跑到秘密的阁楼里去弹钢琴。莫扎特孩提时，成天要做大量的苦工，但是到了晚上他就偷偷地去教堂聆听风琴演奏，将他的全部身心都融化在音乐之中。巴赫年幼时只能在月光底下抄写学习的东西，连点一支蜡烛的要求也被蛮横地拒绝了。当那些手抄的资料被没收后，他依然没有灰心丧气。同样地，皮鞭和责骂反而使儿童时代充满热忱的奥利·布尔更专注地投入到他的小提琴曲中去。

没有热忱，军队就不能打胜仗，雕塑就不会栩栩如生，音乐就不会如此动人，人类就没有驾驭自然的力量，给人们留下深刻印象的雄伟建筑就不会拔地而起，诗歌就不能打动人的心灵，这个世界上也就不会有慷慨无私的爱。

热忱使人们拔剑而出，为自由而战；热忱使大胆的樵夫举起斧头，开拓出人类文明的道路；热忱使弥尔顿和莎士比亚拿起了笔，在树叶上记下他们燃烧着的思想。

“伟大的创造，”博伊尔说，“离开了热忱是无法做出的。这也正是一切伟大事物激励人心之处。离开了热忱，任何人都算不了什么；而有了热忱，任何人都不可以小觑。”

热忱，是所有伟大成就的取得过程中最具有活力的因素。它融入了每一项发明、每一幅书画、每一尊雕塑、每一首伟大的诗、每一部让世人惊叹的小说或文章当中。它是一种精神的力量。它只有在更高级的力量中才会生发。在那些为个人的感官享受所支配的人身上，你是不会发现这种热忱的。它的本质就是一种积极向上的力量。

最好的劳动成果总是由头脑聪明并具有工作热情的人完成的。在一家大公司里，那些吊儿郎当的老职员们嘲笑一位年轻同事的工作热情，因为这个职位低下的年轻人做了许多自己职责范围以外的工作。然而不久他就被从所有的雇员中挑选出来，当上了部门经理，进入了公司的管理层，令那些嘲笑他的人瞠目结舌。

成功与其说是取决于人的才能，不如说取决于人的热忱。这个世界为那些具有真正的使命感和自信心的人大开绿灯，到生命终结的时候，他们依然热情不减当年。无论出现什么困难，无论前途看起来是多么的暗淡，他们总是相信能够把心目中的理想图景变成现实。

热忱，使我们的决心更坚定；热忱，使我们的意志更坚强！它给思想以力量，促使我们立刻行动，直到把可能变成现实。不要畏惧热忱，如果有人愿意以半怜悯半轻视的语调把你称为狂热分子，那么就让他这么说吧。一件事情如果在你看来值得为它付出，如果那是对你的努力的一种挑战，那么，就把你能够发挥的全部热忱都投入到其中去吧，至于那些指手画脚的议论，则大可不必理会。笑到最后的人，才笑得最好。成就最多的，从来不是那些半途而废、冷嘲热讽、犹豫不决、胆小怕事的人。

一个人要是把他的精力高度集中于他所做的事情(他是如此虔诚地投入其中)，是根本没有功夫去考虑别人的评价的，而世人也终究会承认他的价值。

对你所做的工作，要充分认识到它的价值和重要性，它对这个世界来说是不可或缺的。

全身心地投入到你的工作中去，把它当作你特殊的使命，把这种信念深深植根于你的头脑之中！

就像美一样，源源不断的热忱，使你永葆青春，让你的心中永远充满阳光。记得有两位伟人如此警告说："请用你的所有，换取对这个世界的理解。"我要这样说："请用你的所有，换取满腔的热情。"

坚韧是生命的脊梁

最能干的大体是那些天资一般、没有受过高深教育的人，他们拥有全力以赴的做事态度和永远进取的工作精神。

美国人向来做事急躁，这一民族性深受世界的公认。追根究底、不达目的绝不罢休的精神，是社会发展巨大的动力源泉。然而，这种凡事求快的个性也是一项缺点，使其变成全世界最没有耐心的人。战争时期，我们经常发现缺乏耐心是士兵们致命的弱点。他们不能沉着应战，经常无谓地暴露在敌人的炮火之中。

商场上也是如此。我们常常要求在最短的时间内签约成交，太过于急功近利，时常不能从容地全盘考虑。由于缺乏耐心，急着想要得手，极有可能将重要的优势拱手让给那些愿意稍作等待的竞争对手。

富兰克林说："有耐心的人，无往而不利。"耐心需要特别的勇气，对理想和目标全然地投入，需要不屈不挠，坚持到底的精神。这里所谓耐心是动态而非静态的，主动而不是被动的，是一种主导命运的积极力量。这种力量在我们的内心源源不尽，但必须严密地控制和引导，以一种几乎是不可思议的执着，投入到既定的目标中，才具有人生价值。

唯有坚韧不拔的决心才能战胜任何困难。一个有决心的人，任何人都会相信他，会对他付以全部的信任；一个有决心的人，到处都会获得别人的帮助。相反，那些做事三心二意、缺乏韧性和毅力的人，没有人愿意信任和支持他，因为大家都知道他做事不可靠，随时都会面临失败。

许多人最终没有成功，不是因为他们能力不够、诚心不足或者没有对成功的热望，而是缺乏足够的耐心。这种人做事时往往虎头蛇尾、有始无终，做起事来也是东拼西凑、草草了事。他们总是对自己目前的行为产生怀疑,永远都在犹豫不决之中。有时候,他们看准了一项事业,但刚做到一半又觉得还是另一个职业更为妥当。他们时而信心百倍,时而又低落沮丧。这种人也许可能短时间取得一些成就,但是,从长远的人生来看,最终还是一个失败者。世界上没有一个遇事迟疑不决、优柔寡断的人能够真正成功的。

成功有两个最重要的条件:一是坚定,二是忍耐。通常,人们往往信任那些意志最坚定的人。意志坚定的人同样也会遇到困难,碰到障碍和挫折,但即使他失败,也不会一败涂地、一蹶不振。我们经常听到别人问这样的话:"那个人还在奋斗吗?"也就是说"那个人对前途还没有绝望吧?"

如果对公司的前景做了种种惨淡的描述后,仍然不为所动,意志坚决;同时,言谈举止之中能够做到处处谨慎大方,并能显示忠诚可靠、富有勇气的个性,这样的人才是许多大公司所推崇的。没有这些品质,无论才识如何渊博,也无法得到老板的认同。

一位经理在描述自己心目中的理想员工时说:

“我们所亟需的人才，是意志坚定、工作起来全力以赴、有奋斗进取精神的人。我发现,最能干的大体是那些天资一般、没有受过高深教育的人,他们拥有全力以赴的做事态度和永远进取的工作精神。做事全力以赴的人获得成功几率大约占到九成,剩下一成的成功者靠的是天资过人。”

这种说法代表了大多数管理者的用人标准:除了忠诚以外还应加上韧性。具有韧性的人能够经受挫折,决心固然宝贵,但有时会因力量不足、能力有限而受阻,而唯有借助韧性,方能长驱直入,无人能敌。

永不屈服、百折不回的精神是获得成功的基础。库雷博士说过:“许多青年人的失败都可以归咎于恒心的缺乏。”的确,大多数年轻人颇有才学,具备成就事业的种种能力，但他们的致命弱点是缺乏恒心、没有忍耐力,所以,终其一生,只能从事一些平庸的工作。他们往往一遭遇微不足道的困难与阻力,就立刻退缩,裹足不前,这样的人怎么可以担当重任呢?如果你想获得成功,就必须为自己赢得美誉,让周围的人都知道,一件事到了你的手里,就一定会做成。

一旦你树立了意志坚定、富有忍耐力、头脑机智、做事敏捷的良好名声,无论在哪里,你都能找到一个适合你的好职位。与之相反,如果你自己都看不起自己,只知糊里糊涂地生活,一味依赖别人,那么你迟早会有一天被人踢到一边。

附录
《致加西亚的信》

阿尔伯特·哈伯德

在所有有关古巴的事物中，有一个人让我永远无法忘却。

当美西战争爆发后，美国必须立即与西班牙的反抗组织首领加西亚取得联系。而加西亚在古巴丛林的大山中，没有人知道他准确的地点，所以无法将信带给他。可是，美国总统又必须尽快地与他联系上，以便获得他的合作。

怎么办呢？

这时，有个人对总统说：“有一个人可以找到加西亚，也只有他才找得到，这个人叫罗文。”

于是，罗文被找来了，他们交给他一封写给加西亚的信。至于罗文如何拿了信，又把它装进一个油纸口袋里，封好之后吊在胸前，3个星期之后，独立徒步穿过一个危机四伏、战火纷飞的国家，把那封信交给加西亚，这些细节都不是我想描写的。在这里，我要强调的重点是：美国总统把这封写给加西亚的信交给了罗文，而罗文接过信之后，并没有问：“他在哪里？”

像罗文这样的人，我们应该为他塑造不朽的雕像，放在每一所大学里。

对于年轻人来说，他们所需要的不仅仅是学习课本上的知识，也不仅仅是聆听学校的种种指导，而是要学习敬业精神，对上级的任务，立即采取行动，全心全意去完成任务——自动自发，把信带给加西亚。

加西亚将军已去世，但现在的社会上还有其他的加西亚。凡是劳动力密集型企业的经营者，经常会因一般员工无法或不愿专心去做一件事而备受震动——懒惰松散、漠不关心、马虎大意的做事态度，似乎已经成为一种习惯；除非苦口婆心、威逼利诱地叫属下勤奋工作，或者，除非奇迹出现，否则，没有人能自动自发地把事情做好。

如果对此怀疑的话，我们可以来做个试验：你坐在办公室里——周围有6名职员。你把其中一名叫来，告诉他："请帮我查一查百科全书，把某某的生平写成一篇摘录。"

那个职员会立即说："没问题，先生。"然后就去执行吗？

我敢说他绝对不会，反而会满脸狐疑地提出一些问题：

他是谁呀？

他已经过世了吗？

你说的是哪套百科全书？

百科全书放在什么地方？

这是我的工作吗？

为什么不叫查理去做呢？

这么工作着急吗？

你为什么要查他的资料?

我可以以十比一的赌注跟你打赌,在你回答了他所提出的问题,解释了应该如何去查那个资料,以及你为什么要查的理由之后,那个职员会走开,去找另外一个同事帮助他查这些资料,然后,会再回来告诉你:根本无法查到这个人。如果你是聪明人,你就不会对你的"助理"解释,某某编在什么科目,而不是什么科目,你会高兴地说:"知道啦。"然后自己去查。这种被动的工作行为,这种愚昧的道德品质,这种心灵的脆弱乏力,这种姑息的做事风格,很可能把这个社会带到三个和尚没水喝的危险境界。如果人们都不能为了自己的事情而自动自发,你又怎能期待他们为别人采取行动呢?

你登广告征求一名速记员,应征者中,大部分人不会拼也不会写,他们甚至不认为这些是必要条件。这种人能把信带给加西亚吗?

在一家大公司里,总经理对我说:"你看那个职员。"

"我看到了,他怎样?"

"他是个不错的财务，不过，如果我派他到城里去办个小差事，他可能把任务完成，但也可能就在路途中走进一家酒吧，而当他到了城里，可能根本忘了自己的工作。"

这种人你能派他送信给加西亚吗？

我们常常听到许多人对"那些为了廉价工资工作而没发展前途的工人"以及"那些为求温饱问题而工作的无家可归的人"表示同情，同时把那些雇主骂得体无完肤。

可是，从来没有人提到，有些老板自始至终都无法使有些不求上进的懒虫做点正经的工作，也没有人提到，有些老板费尽心力地想感动那些当他一转身就投机取巧的员工。在每个公司和工厂，都有一个持续的整顿过程。管理者经常辞退那些显然无法对公司有所贡献的人，同时也招聘新人进来。无论业务如何忙碌，这种整顿一直都不曾停止。只有当公司不景气，就业机会降低，整顿才会出现好的效果——那些不能胜任、没有真实才能的人，都会被摈弃在就业的大门之外，只有那些最能干的人，才会被留下来。为了自己企业的利益，使得每个老板只保留那些最佳的职员——那些能把信送给加西亚的人。

我认识一个头脑很聪明的人，他自己没有创业的能力，而对别人来说也没有什么价值，因为他总是在怀疑雇主在压榨他，或故意压迫他。他无法下命令，也不敢接受命令。如果你要他带封信给加西亚，他很可能回答："你自己去吧。"

当然，我知道像这种职业道德不健全的人，并不会比一个身体残疾的人更让人同情，但是，我们更应该同情那些努力去经营一个企业的管理者，他们不会因为下班的铃声而放下工作，他们因为努力去使那些消极怠工、懒散被动、缺乏职业道德的员工不太离谱而日增白发。如果没有他们的这份努力和操劳，那些员工将会失业和挨饿。

我是否说得太严重了？不过，当整个世界都变成了贫民窟，我要为成功者说几句同情的话——在成功机会极小之时，他们勤奋努力，终于获得了成功，但他从成功中所得到的也许是一片空虚，除了食物外，就是一片空无。我曾为了三餐而替人工作，自己也曾当过老板，我知道这两种情况的种种甘苦。贫穷是不好的，贫苦是不值得推崇的，但并非所有的老板都是贪婪者、专横者，就像并非所有的人都是善良者一样。

我最钦佩那些不论老板是否在办公室都会自动自发努力工作的人，我也敬佩那些能够把信交给加西亚的人，静静地把信接过去，不会提出任何质疑，也不会随手把信丢进水沟里，而是自动自发地把信送到。这种人永远不会被解雇，也永远不必为了要求加薪而罢工。时代的进步就是为了急切地寻找这种人才的一段长远过程。这种人不论要求任何事物都会获得，甚至获得更多，因为付出总有回报的真理永远不变，他在世界上的每个城市、村庄、乡镇，以及每个办公室、商店、工厂，都会受到欢迎。

世界上极需这种人才——这种自动自发，能够把信带给加西亚的人。